中国概况
PANORAMA

澳门

中国概况

澳门

邓开颂　叶小珍　郑国强
谢振泽　张承良　陈佩楠　编著

外文出版社
FOREIGN LANGUAGES PRESS

前言

澳门，犹如一朵盛世莲花在中国南部盛开，她古称众多，诸如濠镜、镜海、濠江、海镜、镜湖等。无论何种称呼，均可让人联想到澳门波平如镜、千帆竞发、商贸繁盛的情景。

澳门自古以来就是中国的领土，16 世纪中叶以后被葡萄牙逐步占领。1999 年 12 月 20 日，中国政府对澳门恢复行使主权，实行“一国两制”、澳人治澳、高度自治，开辟了澳门历史新纪元。

澳门是一个充满活力的微型经济体、世界著名的旅游娱乐休闲中心，人均地区生产总值居世界前列。

澳门是一个充满爱心与和谐的城市，爱国爱澳、族群团结蔚然成风。

澳门是中西文化交汇之地，是西风东渐、东学西传的重要孔道。中华传统文化在此发扬，西方文明于斯光大。

澳门是闻名遐迩的旅游胜地，被联合国教科文组织批准列入世界遗产名录。

别具特色的澳门与你同行！

澳门，未来可期！

澳门夜景

目录

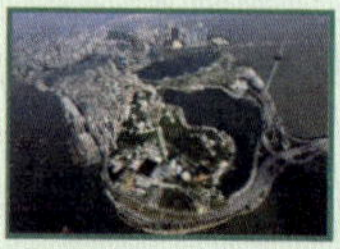  

中　国　概　况　·　澳　门

第一章

地理环境 得天独厚

- 地理位置优越
- 人口多面积小
- 地质地貌曲折
- 气候属亚热带

地理位置优越

澳门特别行政区位于中国南部沿海的珠江三角洲西侧，正处珠江口西岸，与香港、广州鼎足分立于珠江三角洲的外缘。东面隔伶仃洋与香港隔海相望，共扼珠江口咽喉；西连磨刀门，和珠海市的湾仔、横琴岛一衣带水、隔水相望；南面是浩瀚的南海；北面则以关闸为界与广东省珠海市拱北接壤。往西北沿西江上溯，可达广东肇庆、广西梧州等地。

由于澳门处在中国海岸线的南翼，从海上可以方便地到达北海、厦门、福州、温州、宁波、上海、连云港、青岛、天津、大连等沿海港口。尤其是，澳门处在珠江三

澳门与珠海湾仔隔河相望

角洲的一角，与香港及广州连成经济起飞的三角地带。得天独厚的地理位置对澳门本身及其邻近地区的经济发展都起着十分重要的作用。

澳门处在太平洋与印度洋之间海上交通的中枢。从澳门向东经南海、太平洋可达美国、加拿大及拉丁美洲各国；向西经南海、马六甲海峡、印度洋、红海、苏伊士运河，进入地中海，可达地中海沿岸的南欧、西亚、北非各国。向东北经台湾海峡、东海可到日本、韩国、朝鲜及俄罗斯各港口。向东南经南海可到达菲律宾、印度尼西亚、澳大利亚、新西兰及南太平洋各国的港口。

人口多面积小

澳门面积因填海不断扩大

澳门的海岸线长达52.6公里，而陆地总面积因为沿岸填海造地而一直扩大，自有记录的1912年的11.6平方公里逐步扩展至32.9平方公里。澳门全境由澳门半岛、氹仔岛、路环岛以及路氹城四大部分组成。澳氹大桥、友谊大桥和西湾大桥把澳门半岛和氹仔岛连接起来。氹仔岛和路环岛本是两个分离的离岛，通过填海工

路氹新城景观

程相连，而填海后的新生地被建设成为路氹城。

澳门人口近 20 年快速增长，每年以接近 4% 的幅度增加。据澳门特区政府统计暨普查局公布的数据显示，截至 2020 年 6 月底澳门总人口为 685400 人，按季减少 10700 人。其中女性人口为 358700 人，占 52.3%。

澳门是全球人口密度最高的地区之一。据澳门统计暨普查局统计，2017 年全澳人口密度为 20657 人 / 平方公里。澳门人口的流动性相当大，全年人口流动量超过 2500 万人次。随着人们寿命的延长，而出生人数相对较少，澳门跟世界很多国家和地区一样，人口步入老龄化阶段。

澳门以“堂区”作为行政区划单位，每一个堂区以其代表性的教堂作为堂区名称。

地质地貌曲折

澳门在地质构造上属万山隆起带，基岩以燕山期花岗岩为主，境内岗陵起伏。澳门的天然平地很少，主要有半岛中部、路环东南部及西南部的海积层，氹仔大小潭山之间连岛沙洲，以及古时把澳门岛与大陆相连而造成一半岛的莲花茎。始于1863年的填海工程，为澳门提供了平地地段。填海工程使现今澳门的轮廓与数百年前比较大为不同，亦使海岸线趋于平直工整。

澳门属于比较曲折的华南港湾地型。澳门半岛为一条狭长的地带，形状像是一只靴子，南北长约4公里，东西最宽约为1.8公里，面积9.1平方公里。半岛上除了连岛沙洲和附属堆积地区较平坦外，大部分是丘陵。氹仔岛的山脉主要由花岗岩构成，为东北至西南走向，并支配全岛丘陵呈起伏状。其中最高的是大潭

山（鸡颈山），海拔 158.2 米。路环岛的地势为全澳最高，全岛丘陵起伏，大部分高度在百米以上，大多集中在中部和东部，山岩性质以花岗岩与火山岩为主。海拔 176.45 米的叠石塘山是路环岛的最高点，也是全澳最高的山峰。因为路环岛离华南海岸较远，堆积较氹仔稍缓，沿岸海水较深，北岸为峭崖，南部西向海洋，海岬和海滩相间。

路环岛地势澳门最高

气候属亚热带

澳门历史城区

澳门位于亚热带地区，属海洋性副热带季风气候，同时亦带有温带气候的特性。冬暖夏热，湿润多雨，年平均气温为22.6℃，全年温差变化在16℃—25℃。澳门春季约在3—4月期间，天气潮湿多雾。夏季较长，5月中旬至6月上旬受西南季风的影响，天气炎热潮湿；7月至9月，热带气旋频繁出现，不论雨量、气温、降雨日数还是雷暴等气象记录，都达至全年最高峰。10月，澳门的秋季来临。澳门秋季时间短暂、天色晴朗、天气稳定、舒适度高。每年的10月中旬至12月，澳门的天气最佳，和暖并且阳光充沛、湿度不高，最为舒适。1月至2月是澳门的冬季，来自西伯利亚的冷空气接踵而至，经过华中华南进入澳门，带来寒冷干燥的北风。这两个月气温最低，由于大气中水汽含量不足，降雨量及降雨日较少。春、秋、冬三季是到澳门旅游的最佳季节。

候鸟栖息在路氹生态保护区

中　国　概　况　·　澳　门

第二章

“一国两制”放异彩

- 澳门自古属中华
- 葡人逐步占澳门
- 平稳顺利回归路
- 政府架构妥安排
- 澳门内地紧相连
- 澳葡关系新发展

澳门自古属中华

1488 年澳门先民筑建的妈阁庙

澳门自古以来就是中国的领土，据史籍记载，澳门很早就被纳入中国版图范围内。秦始皇统一中国时（公元前 221 年），澳门隶属南海郡番禺县；晋代（265—420 年）起，历属东官郡、南海县、东莞县。1152 年，南宋设立香山县，澳门列入香山县管辖；明（1368—1644 年）清（1616—1911 年）时期，澳门隶属香山县。

葡人逐步占澳门

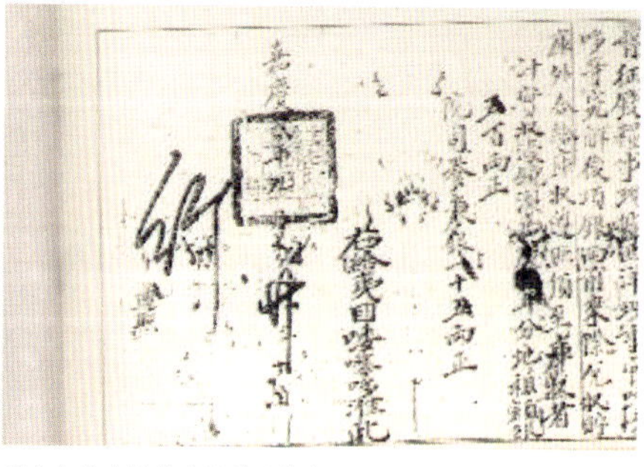
香山知县发给葡人的地租收据

从 15 世纪初开始，葡萄牙人向海外进行大规模、持久的殖民扩张，占领了巴西和非洲、亚洲大片土地。1514 年，葡人首次到达广东屯门，刻铭埋碑，以示占领。1553 年，葡人以非正常手段在澳门登陆。自此至鸦片战争（1840—1842 年）的 300 年间，明清政府通过各种政治、经济、法律等政策措施，对葡人进行约束限制和管理，有效行使了主权。同时，葡人也以种种手段和办法，力图蚕食更多的中国土地。

鸦片战争后，葡方加快了侵占澳门的进程。1849 年前后，葡方出动军队，赶走中国政府驻澳代表，封闭驻澳机构，捣毁中国海关，侵占氹仔岛和路环岛，实现了对澳门地区的逐步占领。

1887 年 12 月，在英国人赫德一手操纵下，清政府与葡萄牙签订了《中葡和好通商条约》，又称中葡《北京条约》，使葡获得了“永驻管理澳门及属澳之地”的权力，成为中国近代史上又一个不平等条约。从此之后，葡萄牙对澳门地区实行殖民统治，并不时制造事端，以维持管治，谋取更大利益。

葡萄牙人到阿玛港（廖鸿飞绘）

明清政府在澳门接见葡人的议事亭

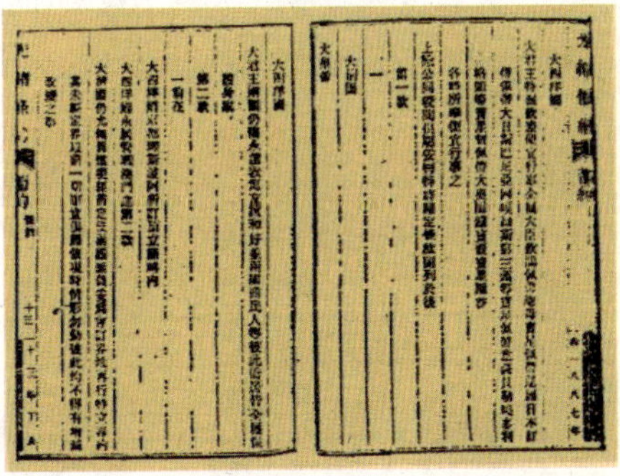

1887 年的《中葡和好通商条约》

平稳顺利回归路

新中国成立后，葡奉行对华友好政策，葡萄牙“四二五”革命后，又推行非殖民化。1979 年中葡建交时，葡方承认澳门是中国领土，目前暂由葡管理，适当时通过谈判解决澳门回归中国问题。香港问题解决之后，澳门问题提上日程。在此过程中，由于双方的友好合作，澳门的回归之路，总体上是比较平稳顺利的。

“一国两制”的设想

20 世纪 70 年代末，国际国内形势发生重大变化，中共十一届三中全会重新提出实事求是的思想路线，把党和国家的工作重点转移到经济建设上来。正是在大的时代背景下，邓小平同志创造性地提出了“一国两制”的伟大构想。他在 1984 年 10 月 3 日会见港澳同胞国庆观礼团时指出:“澳门问题的解决，也离不开‘一国两制’”。1985 年 5 月，邓小平会见葡总统埃亚内斯时，也表达了同样的意思。

澳门与港珠澳大桥

中葡联合声明的签署

1986年6月30日，中葡两国政府展开关于澳门问题的谈判，经4轮会谈，于1987年3月23日，就全部文本及备忘录达成一致意见，历经8个月又14天的中葡关于澳门问题的谈判圆满结束。3月26日上午，中葡双方谈判代表团团长周南副外长和梅迪纳大使，分别代表两国政府草签了中葡联合声明。

1987年4月13日，中葡联合声明签署仪式在北京人民大会堂隆重举行。中国总理赵紫阳和葡萄牙共和国总理席尔瓦分别代表两国政府在联合声明文本上签字。中共中央顾问委员会主任邓小平、国家主席李先念出席了签署仪式，50名澳门嘉宾观礼了签署仪式。

联合声明宣布，中国政府将于1999年12月20日对澳门恢复行使主权。中国政府在联合声明中宣布了对澳门的基本政策方针，主要内容包括：在对澳门恢复行使主权后，根据宪法第31条的规定，设立澳门特别行政区。除外交和国际事务属中央人民政府管辖外，特别行政区享有高度自治权，包括行政管理权、立法权、独立的司法权和终审权；澳门现行的社会、经济制度不变，生活方式不变，法律基本不变。1988年1月15日联合声明生效，澳门开始了为期12年的过渡时期。

远眺澳门塔

澳门基本法的制定

中国政府为使联合声明中对澳门的基本方针政策具体化和法律化，于1988年4月13日七届全国人大一次会议决定成立澳门特别行政区基本法起草委员会。起草委员会由48位委员组成，其中澳门委员19人。起草委员会经过4年多紧张有序的工作，起草了一部史无前例的体现“一国两制”方针和政策的澳门基本法。1993年3月31日，八届全国人大一次会议审议通过基本法及其附件和区旗区徽图案，从而完成了回归路上的一项世纪工程。

澳门政权交接

1999 年 12 月 20 日零时，中葡两国有关澳门政权交接仪式在澳门文化中心旁新建场馆举行。中国国家主席江泽民、国务院总理朱镕基、葡萄牙共和国总统桑帕约、总理古特雷斯与 2500 名中外嘉宾出席了恢宏盛大的政权交接仪式大典，江泽民主席在典礼上发表了重要讲话，郑重宣布中国政府对澳门恢复行使主权。

1999 年 12 月 20 日凌晨，澳门特别行政区政府成立暨宣誓大会在综艺馆举行。何厚铧就任澳门特区第一任行政长官。

1999 年 12 月 20 日中午 12 时正，由 500 名官兵组成的驻澳部队穿过关闸，进驻澳门，履行防务职责。

政府架构妥安排

行政长官

澳门特区实行行政主导的政治体制。行政长官是澳门特区的首长，也是澳门特区政府的首长，对中央人民政府、对澳门特区负责。行政长官在当地通过选举或协商产生，由中央人民政府任命，任期为五年，可连任一届。澳门特区行政长官主要职权为：领导特区政府；负责执行基本法和适用于澳门特区的其他法律；签署立法会通过的法案；公布法律；签署立法会通过的财政预算并上报中央人民政府备案；决定特区政府政策；发布行政命令；提名主要官员；任免司法官员；特定情况下解散立法会等。第一、二任行政长官为何厚铧，第三、四任行政长官为崔世安。2019 年 12 月 20 日，由国家主席习近平监誓，澳门特别行政区第五任行政长官贺一诚宣誓就职。

行政会

行政会是协助行政长官决定政策的机构。行政长官在作出重要决策、向立法会提交法案、制定行政法和解散立法会之前，须征询行政会的意见。行政会人数为 7—11 人，由行政长官从主要官员、立法会议员和社会人士中委任。何厚铧及崔世安均委任了 10 名行政会成员。

行政机构

澳门特区政府是澳门特区的行政机关。特区政府现设 5 个司：行政法务司、经济财政司、保安司、社会文化司、运输公务司；下属各局为各司直属执行单位。

立法会

澳门特区享有立法权，立法会是澳门特区的立法机构。立法会所制定的法律必须符合基本法的规定。除依法行使立法权限外，立法会还可行使监察权等权力。立法会议员由特区永久性居民担任，大多数经选举产生，每届任期四年。

司法机关

澳门特区法院行使审判权，只服从法律，不受任何干预。特区设初级法院、中级法院和终审法院。终审权属终审法院。初级法院可根据需要设立各种专门法庭。

特区检察院独立行使法律赋予的检察职能，不受任何干预。

检察长由澳门特区永久性居民中的中国公民担任，由行政长官提名，报中央人民政府任命。

法院大楼

澳门内地紧相连

与中央政府的关系

澳门特区与中央政府的关系对于特区来说非常重要，它所包括的丰富内涵是“一国两制”方针的具体体现。

中央政府对澳门特区的关爱支持不遗余力。中央政府全力支持行政长官和特区政府依法施政，从不干预特区自治范围内的事务，全力支持特区政府发展经济、改善民生、推进民主。每当特区政府遇到困难之时，中央政府总是以最快的速度、最有力的方式，表达关切支持，伸出援助之手。中央政府是澳门特区的坚定依靠和强大后盾。

“一国两制”在澳门20年实践，取得巨大成功，创造了丰富经验，主要是：全面准确贯彻“一国两制”方针，严格按照宪法和基本法治澳，支持行政长官和特区政府依法施政、积极作为，支持澳门融入国家发展大局，发展壮大广泛的爱国爱澳力量。

与广东的关系

粤澳山水相连，人文相通，历来联系紧密。回归后两地关系更进一步。若干重大项目或已完成或正在进行之中：澳门大学新校区已于2013年11月移交特区，按澳门法律管理；跨境工业园区运转顺利。港珠澳大桥于2009年12月15日动工建设；于2018年2月6日完成主体工程验收；同年10月24日上午9时开通运营。澳门已列入珠三角整体发展规划。2011年双方签署《粤澳合作框架协议》，两地合作将更上一层楼。

澳门中联办大楼

澳葡关系新发展

经历过400多年风雨的澳门与葡萄牙关系，在澳门回归中国后，继续维持着友好关系，并有新的发展。何厚铧就任行政长官期间，先后4次访葡，葡高级领导人近年时有访华及访澳，对“一国两制”在澳门实践的成功表示肯定。双方领导人互访期间签订了《投资保护协定》和《合作纲要协定》。

中葡平台作用凸显

1996年在里斯本成立的葡语国家共同体，包括葡萄牙、巴西、佛得角、圣多美和普林西比、几内亚比绍、安哥拉、莫桑比克、东帝汶8个国家。澳门回归后，为发挥澳门因历史渊源而形成的独特优势，中国政府与葡语共同体设立了中国—葡语国家经贸合作论坛(澳门)部长级会议，论坛总部设在澳门，由特区政府承办，建立常设秘书处，由商务部和特区政府派官员出任正副秘书长。论坛组建以来，先后于2003年10月、2006年9月、2010年11月、2013年11月、2016年10月举办了5届部长级会议，签署各时期《经贸合作行动纲领》。加强澳门在中国—葡语国家间的桥梁与平台作用，已成为澳门经济定位的重要方面，更成为国家的重要经贸战略安排。

澳门玫瑰圣母堂

中　国　概　况　·　澳　门

第三章

博彩业发展历程

- 龙头经济博彩业
- 回首博彩足迹
- 博彩种类多样化
- 一赌独大弊端多
- 特区管理责任大

龙头经济博彩业

澳门特别行政区是中国国土上唯一一个博彩业合法经营的地区。按“一国两制”的方针，中央政府给予澳门特区高度自治权。澳门基本法第118条规定：“澳门特别行政区根据本地整体利益自行制定旅游娱乐业的政策”。循着历史惯性和传统产业政策优势，澳门特区博彩业合法经营，被誉为“龙头产业”，吸引了周边地区，尤其是中国内地游客赴澳观光消费，带动澳门经济快速增长。

中央开放港澳“自由行”政策，加上周边发达的交通设施，包括高速道路系统、联结全国的高铁网、珠三角城市轻轨网、港珠澳大桥相继投入服务，辐射全国，华中华南地区形成朝发夕至的生活圈。游客的迅速增长，有利于澳门休闲产业旅游经济进入持续快速发展，高度繁荣时期。

2002年，澳门开放博彩经营权，打破独家垄断，开始多元经营决策，引来国际级的经营者投入竞争。

2006年，澳门取代拉斯维加斯，成为全球博彩收益最多的赌城。2009年以来，幸运博彩毛收入逐月快速增长，2011年3月首次突破月入200亿元大关，2013年3月超越了300亿元纪录。2018年，全澳门博彩毛收入3028.46亿元。

澳门博彩业快速发展

回首博彩足迹

博彩业在澳门的源头可以追溯到16世纪中叶开埠初期。

鸦片战争以后，澳门的贸易港地位渐被香港取代。葡澳当局为增加经济收入，自1847年开始，澳门开始以法定准照许可形式经营博彩业。19世纪后期，博彩业渐趋发达，成为澳门的支柱产业，赌饷成为政府的主要收入来源。澳门开始以博彩闻名。

1930年，澳葡当局将第一个博彩专营权牌照发给了豪兴公司。

1937年，澳门博彩业作了一次影响深远的大改革。当年，澳葡政府颁令，将所有博彩业专营权集中，进行统一承投。最后由傅老榕及高可宁为首的泰兴公司投得。

1961年，由霍英东、何鸿燊、叶汉、叶德利等港澳商人组成的新财团，通过公开竞投而取得幸运博彩专营权。1962年，澳门旅游娱乐有限公司成立，取代原先的经营者。澳娱所取得的幸运博彩专营年期，获澳葡政府多次延续，直到特区政府上台后，至2002年3月31日结束，垄断经营历时长达40年。

2001年12月31日，澳门旅游娱乐有限公司的博彩专营权到期。澳门特区政府抓住旧赌约到期机会，作出了改变澳门历史的选择——改革博彩业制度、开放赌权、实行赌权多元化，有计划、有步骤地引入境外资本和国际竞争者。

2001年11月2日，澳门政府正式将三张博彩牌照进行招标。18家公司竞投。2002年上半年批准了三张博彩业的18年或20年的经营牌照。

博彩业制度改革

博彩种类多样化

澳门博彩业分为三类：

幸运博彩

据2014年第二季度的统计，澳门共有幸运博彩娱乐场35间，23间开设于澳门半岛，12间则设在氹仔。其中澳博有赌场20间，威尼斯人4间，银河6间，新濠博亚3间，永利1间、美高梅金殿超濠1间。

赛狗和赛马

澳门赛狗场缘起于1930年，豪兴公司投得澳门赌场专营权。1931年8月，逸园赛狗场启用。1933年，澳门赛狗会因经营困难而停办。后来，澳门赛狗会易名为南华赛狗游艺有限公司，办起以赛狗为主的综合性娱乐场，不久后因养狗开支大而停止赛狗，1936年起向政府申请变为经营赌博的娱乐场。1940年间，澳葡政府收回赛狗场并改为“五二八运动场”（即今莲峰球场）。

澳门赌场

1961年，印度尼西亚华侨郑君豹向澳葡政府申请恢复赛狗，获批准并于同年8月签订了专营赛狗合约。不久，专营合约转让给澳门逸园赛狗有限公司，1963年9月28日重新营业。后来，澳门逸园赛狗有限公司与澳门特区政府续签专营合约。

2018年7月20日，亚洲唯一一家经营赛狗的博彩场所——澳门逸园的赛狗专营批给合同正式终止，有着87年历史的赛狗活动走到了尽头。

澳门赛马活动于1842年出现，但有规模的赛事则于1927年由当时获得赛马专营权的“澳门万国赛马体育会”在黑沙环赛马场举办。1989年，台湾商人成立澳门赛马车会。1991年，何鸿燊出资收购，从此赛马成了澳门博彩热门项目。

澳门赛马有限公司经营的马场位于氹仔，前身是赛马车场。赛马专营合同期限10年，承批每年税银澳门币2500万元，经营合约至2015年8月31日止。马场内设施完整，18座马房提供1256个马格供现役马匹休养，还有马医院及马游泳池等，拥有标准的跑道。马会提供各种投注方式，包括场内、场外、网上投注，还有电话服务。

澳门逸园赛狗场

亚洲国际博彩博览会开幕

碰运气博彩（彩票）

白鸽票是地地道道的中国古老彩票，圈字下注，可供圈画的字较少，仅80个字，故有“八十字有奖义会”之称。白鸽票源于清代赌鸽，赛鸽时每只鸽子按《千字文》中的“天地玄黄，宇宙洪荒……”等字顺序编号，赌鸽时所猜字若与比赛结果相同，则为赢家。后来赌法演变，把《千字文》前80个字印在纸上（即白鸽票），利用白鸽开彩，80个字卷成小球，白鸽衔出20个小球，就是所开的字。白鸽票在澳门过去以搅珠形式开彩，如今开字法采用计算机，故称计算机白鸽票。

专营公司荣兴彩票成立超过一个世纪，目前荣兴彩票在澳门经营三个投注中心，分别位于新马路正街、高士德及葡京酒店。

一赌独大弊端多

博彩业“爆炸性”发展，为澳门经济社会带来了效应，但发展过速也为澳门带来挑战，市民承担着博彩业急速发展与社会空间不足、资源不足、建设不协调带来的负面影响。

当澳门开放赌业，引进美资的金沙、永利等集团，与原来的本土赌业集团展开激烈较量之后，又面对新形势：今天澳门已深卷进世界级的国际博彩业博弈之中。

博彩收入的增长所创造的就业令澳门人受益，不过受房地产价格狂飙以及租金急升造成恶性通胀的影响，以及挤压效应下，中小企业难以生存。此外，游客拥挤，交通堵塞，城市超负荷运转，社会服务全线紧张。

亚洲国际娱乐展会（G2E Asia）在澳门举行

特区管理责任大

促进博彩业适度有序发展，适当调控博彩业的发展速度与方向，优化博彩业的发展规模与结构，提升博彩业在亚洲地区的竞争力，是特区政府的努力方向。

在澳门特别行政区，博彩业的存在与发展既受到法律的严格规范，又置于政府监管之下。政府对博彩业实施监管的主要途径是发放博彩业经营牌照和限制赌台规模。

2008年，行政长官何厚铧宣布冻结现有赌场总量，不再批出新赌场。强调政府将继续大力加强博彩监管，严格调控博彩业规模，引导“负责任赌博”，促进博彩业健康和可持续发展。继任行政长官崔世安表示：将沿用此政策，朝加大博彩业中的非博彩部分发展，致力令博彩业适度多元化发展。崔世安承诺要务实而认真地进行修订和完善博彩业的监管法律。规范博彩业的营运，建立公平竞争机制，避免恶性竞争。加大保障本地博彩从业员的就业权益。

2014年8月31日，崔世安当选第四任行政长官后表示，检讨澳门博彩业发展是新一届政府的重点工作，特区很重视一业独大面对的风险。

澳门经济结构比较单一，博彩业所占比重较大。近年来，中央和澳门特区政府持续推动经济适度多元可持续发展。澳门特区第五任行政长官贺一诚指出，特区政府已经在这一方面投入了很多资源，新一届特区政府会努力将资源转化为相关产业，推动经济结构持续调整优化。

新葡京建筑和新葡京酒店

第四章

世界旅游休闲中心

- 经济支柱旅游业
- 旅游资源很丰富
- 世界遗产金名片
- 旅游设施臻完善
- 旅游新政自由行
- 会展行业前景广

经济支柱旅游业

澳门以博彩旅游业定位，澳门每年入境旅客超3000万人次，旅游资源独特，接待条件一流，是休闲度假胜地。现正加快建设世界旅游休闲中心，大力发展旅游、会展、文化创意等产业，获得国家政策的强有力的支持。

在国家“十二五”规划中，中央政府明确提出澳门要发展成为“世界旅游休闲中心”。国家发展和改革委员会公布的《珠江三角洲地区改革发展规划纲要（2008—2020年）》强调，推进与港澳更紧密合作。重点支持粤港澳发展服务业，支持澳门发展旅游等服务业，促进澳门经济适度多元发展。

为促进博彩旅游业的健康和可持续发展，特区政府按照“适度规模、规范管理、健康发展”的方向，着力提高博彩业发展的质量和档次、加强和规范对博彩业的监管及关注博彩业开放和发展中出现的各种社会问题，努力让澳门成为一个达到国际水平的区域性旅游、娱乐博彩及会议展览中心。

澳门威尼斯人度假村

莲峰庙

旅游资源很丰富

澳门打造世界旅游休闲中心，有自身的区位优势，经过多年建设，经济实力大为增强，社会稳定，人民生活水平不断提高，为澳门建设世界旅游休闲中心奠定良好基础和条件。

澳门有悠久灿烂的中西文化交流历史，对旅客具有独特的吸引力。澳门中西文化特色很多表现在建筑上，这里有传统风格的老宅、明清时期的古庙，也有南欧情调的建筑、欧陆巴洛克式建筑形式为主的教堂，还有气派不凡的现代化建筑，这些都成了别具特色的旅游景观。

妈祖阁

澳门的世遗景点，包括象征澳门的大三巴牌坊，花王堂、风顺堂、望德堂“三大教堂”和另外20多座各具特色的教堂一起展现出深厚的欧陆宗教风格，印证了西方文明在东方的落户。

历史悠久的澳门三大古刹——妈祖阁、观音堂和莲峰庙，其庄严古拙的法相，亲历了澳门近代历史。

大炮台、望厦山炮台、加思栏炮台、松山炮台和妈阁炮台的建造和风格是历史的见证。

福隆新街的建筑群体现中国传统建筑风格，精致细微的卢廉若公园再现了苏州园林的精髓。

大三巴牌坊

世界遗产金名片

在国家全力支持下，回归祖国后的澳门以“澳门历史城区”项目于2005年成功申报世界文化遗产，成为中国第31个世界文化遗产地。从此，澳门便得到一个殊荣，就是举世承认，具有独特代表性，属于全中国、属于全世界、属于全人类的历史文化遗产，打响了知名度！

因为拥有世遗文化，澳门拥有与众不同的城市魅力！以世界文化遗产为金名片，传承历史文化，为以博彩旅游业为主导的澳门休闲产业，为周边旅游产品多元化开发提供机会。

“澳门历史城区”申报世界历史文化遗产的文本这样评价澳门历史城区:“澳门历史城区保存了四百多年中西文化交流的历史精髓。它是中国境内现存年代最久远、规模最大、保存最完整和最集中，以西式建筑为主、中西建筑互相辉映的历史城区，是西方宗教文化在中国和远东地区传播历史的重要见证，更是四百多年来中西文化交流互补、多元共存的结晶。”“澳门历史城区的主要街道和公众空间，把澳门的重要历史建筑物连成一片，呈现海港城市和传统中葡聚居地的一切典型特色，包括中西文化融汇交流的特点。见证了西方文化与中国文化的碰撞与对话，证明了中国文化永不衰败的生命力及其开放性和包容性，以及中西两种相异文化和平共存的可能性。”

民政总署大楼

圣若瑟修院

澳门历史城区城市空间建设，是在葡式海港城市架构上自然发展成的有机体，吸收了葡人在亚洲其他聚居地的典型市区设计，也与讲究风水的中国传统空间结构概念互相融合；建筑风格多样，如圣若瑟修院大楼及大三巴牌坊等，均蕴含文艺复兴以后欧洲建筑形式的西式建筑风貌；东望洋灯塔与妈祖阁所代表的中西航海文明，奇妙地向游客诉说着澳门独特的故事。

东望洋灯塔

旅游设施臻完善

澳门酒店业发展良好，具有接待大量访澳游客的能力和潜力，新口岸博彩区新赌场酒店星罗棋布，金光大道形成亚洲最具规模的博彩酒店中心地带。

澳门的星级酒店和酒店客房增长迅速。据统计，2007 年星级酒店有 54 家，2009 年酒店客房 17072 间，酒店从业人员由 1999 年的 6500 人增至 2007 年的 2.3 万人。住房不断增加，2009 年住房有 444912 人次，主要客源为中国内地，占总数的 47%，香港占 24.3%。澳门的旅行社是相当灵活的，到 2007 年有 129 家持有证照。

新濠天地坐落在金光大道上

在多元化竞争下，澳门博彩 (SJM)、金沙中国 (Sands China)、永利澳门 (Wynn Macau)、银河娱乐 (Galaxy Entertainment)、新濠博亚 (Melco Crown)，以及美高梅中国 (MGM China) 六大赌牌集团多元化发展，提供各种休闲服务、娱乐体验及会展服务。

威尼斯人酒店度假村

新葡京与老葡京

旅游新政自由行

自由行是人们对允许内地游客自行前往港澳旅游的通俗说法。为了支持港澳旅游业，促进经济发展，国家从2003年开始实施自由行政策。首批49个内地城市开放澳门自由行，2011年增至近百个城市和地区。其结果是访澳旅客人数持续大幅度上升。2001年突破1000万人次，2006年突破2000万人次大关，目前每年接待超3000万人次访澳游客。从1999年12月20日澳门回归至2012年12月19日，13年间仅从拱北口岸出入澳门的游客就有9.1亿人次，其中相当部分是自由行游客。2003年自由行政策开始实施时，澳门博彩业收益约为37亿美元，相当于美国拉斯维加斯年收入61亿美元的六成。10年后的2013年，澳门博彩业年收益是拉市的7倍多，达到450亿美元。尽管自由行政策对赌博业的辐射很大，但无论是自由行还是组团游，其出发点都是为了促进澳门相关行业的发展及整体经济的进步，并不是为了推动赌博收入的增长。

自由行政策实行了十多年，对推动澳门旅游业及相关行业的发展发挥了重要作用，但同时也出现了一些问题。因此，有关方面对这一政策适时进行了调整，以便更好地促进澳门旅游业的发展。对于博彩业中存在的问题，特区政府按照“适度规模，规范管理，健康发展”的方针，加强监管，努力提高品质和档次，打造达国际水准的博彩业品牌。

MGM 美高梅

会展行业前景广

会展业的发展已列入珠三角发展纲要之中，成为澳门新的经济定位的重要内容。澳门现有会展场所43处，总面积达到14万平方米以上。举办会展活动则由2003年的239项增加到2018年的1427项，今天，“会展加旅游”已成为澳门发展定位的新内涵。

各博彩集团都把会展业务作为主业之一，悉心经营，其中尤以威尼斯人和银河娱乐最为突出。威尼斯人的会展面积达10万平方米，其停机坪足可以停放90架波音747型宽体客机，是亚洲目前面积最大的会展场地。

最近几年，每年都有澳门国际贸易投资展览会等许多会展项目在澳门举办，并通过澳门商务旅游中心积极申办品牌会展活动到澳门举行。

银河娱乐城

中国概况·澳门

第五章

文化融合姿彩多

- 民族和谐友好相处
- 双语双文并用不悖
- 饮食荟萃独具风格
- 宗教多元和谐并存
- 建筑合璧交相辉映
- 习俗礼仪融汇中外
- 文学艺术生机勃勃

民族和谐友好相处

土生葡人做弥撒

澳门自开埠以来，便多种族混居。如今，澳门“华洋杂处”，并未按民族固定成明显不同的居住区。华人与葡人和谐混居，甚至共居一屋，葡人居楼上，华人居楼下。虽然生活方式各异，但彼此友好往来，甚至相互通婚。中葡民族混居，形成了具有两种血统的土生葡人阶层。土生葡人是澳门历史发展过程中的一个特殊群体，其存在与发展，既是中西多元血统混合的结晶，也是中西文化结合的产物。根据澳门基本法，土生葡人依法获得平等的权利和待遇，传统文化和生活习俗得以完好保留。

双语双文并用不悖

中文和葡萄牙文是澳门现行的官方语言。澳门居民大部分使用传统繁体中文作为社会日常用字，而土生葡人以葡萄牙文作为主要书写文字。澳门的地名、人名、陵墓、每一条街道和马路，都有中文名和葡文名。

广东话为澳门社会通用语，是澳门的官方用语之一，在日常生活、工作、政府办公、学校教育、新闻传媒、文化娱乐中广泛使用。葡萄牙语也是澳门的官方用语之一，主要是葡裔人口使用，普通澳门华人甚少以葡萄牙语作为第一语言。以前，如想申请政府工作，懂葡萄牙语较为占优。如今，葡萄牙语除政府、法律部门和与葡萄牙有关联的商户或书店、生活小区使用之外，葡萄牙语在澳门已不流行。有些土生葡人使用澳门土语（Macanese），这是由葡文、马来语、粤语、英文、古葡文以及少许荷兰文、西班牙文和意大利文混合而成的澳门方言。此外，部分居民也能听懂普通话或闽南话。

热闹的街市

澳门荟萃各方美食

饮食荟萃独具风格

澳门是一个饮食文化十分发达的城市，美食和历史悠久的古迹一样驰名中外。谚语“澳门人不怕请客”意思是说澳门人请客人吃饭，绝不会为请吃什么而发愁，保证会让客人吃到独具特色、匠心独运的菜肴。澳门荟萃了中西南北的美食，在这里不仅可以品尝到正宗的葡国菜，还可以吃到澳门菜、广东菜、上海菜及日本菜、韩国菜、泰国菜等。在澳门，较具规模的酒楼、饭店和西餐厅随处可见，大排档、甜品屋、小吃店更是遍布大街小巷。澳门的中国菜主要以粤菜为主，此外还有川菜、京菜、沪菜等。中国菜，从传统的烧鸡、蒸鱼，到特色的北京烤鸭、鱼翅汤，还有虾饺、烧卖、粉果之类的广东点心，都应有尽有。

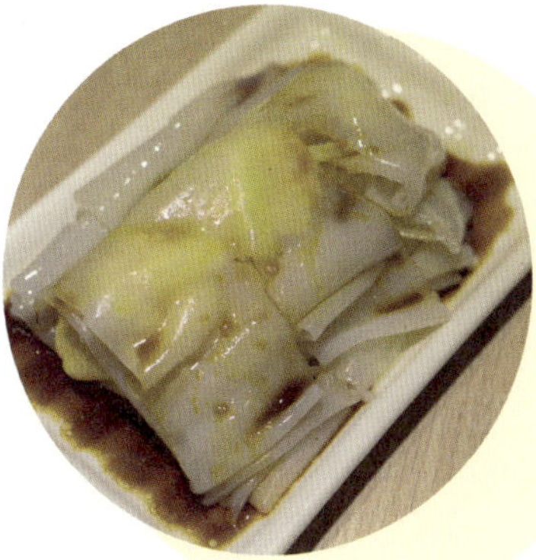

肠粉

虾饺和烧麦

澳门的葡国菜分为澳门葡国菜和正宗葡国菜。澳门葡国菜兼收并蓄了葡萄牙、印度、马来西亚及中国粤菜的烹饪技术，对原来的葡国菜进行改良，取长补短，可谓是世界上独一无二的菜式。澳门著名的葡国菜有不少，有葡国鸡、咖喱蟹、非洲鸡、蒜蓉辣大虾等。如“葡国鸡”，其做法是将鸡、土豆、洋葱、鸡蛋、西红柿配以咖喱粉烩制而成，过程也颇讲技巧，此菜有淡淡的鲜辣味，很可口，若将鸡和汤汁拌在米饭中同吃，味道更佳。又如“马介鱼”（即鳘鱼，是葡人最爱吃的一种咸鱼），这种咸鱼煎、烤、焖、烧均美味可口。由于澳门葡国菜味道好且价格适中，所以澳门的许多葡国菜馆生意兴隆。

烧鸭

猪扒包

澳门有专营正宗葡国菜的餐馆。著名的正宗葡国菜有清菜汤、红豆猪手、烩牛尾或牛胸等。清菜汤这款汤由土豆蓉、葡国香肠、生菜和橄榄油（橄榄油是葡国菜必备的佐料）合煮而成，风味独特。这类专营正宗葡国菜的餐馆大多装饰考究，如位于南湾大马路的“澳门陆军俱乐部”、西湾的“景峰酒店”等，都是由葡萄牙古老建筑改建而成的，食客中以葡人或土生葡人为多见。

为保留葡国饮食文化特色，葡国菜馆大都采用葡式装饰，有的甚至照搬葡萄牙乡村酒店的格调，显得粗犷、古朴，以此吸引食客。

葡式蛋挞

宗教多元和谐并存

澳门是个宗教信仰自由的城市，几百年来，各种宗教在这里并存盛行、和谐相处。过去，澳葡政府曾以天主教为官方宗教，但现时澳门并没有官方的宗教。由于多数居民为华人，受中华民族传统文化和儒家道德思想的影响，信仰以儒、释、道及民间神祇为主。每逢孔圣诞，澳门孔教会会带领社会各界华人和学校举行纪念与祭典仪式。至于佛教，位于望厦村的普济禅院便是澳门早期兴建的寺庙建筑之一。道教所供奉的神祇，如谭公、洪圣爷、文昌帝君、关帝、北帝、城隍等，在澳门都可以见到。观音和妈祖崇拜在澳门特别流行，其建筑有明朝成化年间由闽商人兴建的妈祖阁庙。

大三巴与哪吒庙并列

除中国主流信仰外，还存在一些外来宗教。基督教方面，天主教澳门教区成立于1576年1月23日，首任主教为贾耐劳（仁慈堂创办人）。首位华人主教为林家骏主教。基督新教也是以澳门为踏足中国的第一站，英国伦敦传道会的传教士马礼逊于1807年来到澳门，展开了基督新教在中国的宣教历史。澳门有两间最古老的华人新教教会，分别是中华基督教会志道堂和澳门浸信会（又叫白马行浸信会），都有超过一百年的历史。圣公会维多利亚教区成立于1849年，管辖范围包括澳门，现该教区已成为香港圣公会澳门传道地区。

澳门的两大宗教——天主教与佛教和谐相处，常常联合出席重大庆典，如澳门大桥、澳门机场以及澳门文化中心建成的庆典，都曾同时举行天主教祝圣仪式和佛教的开光仪式，进行宗教祈福活动。一个澳门家庭往往有两种宗教信仰，也有人既信奉佛教又参拜天主。有的家庭中，老人信佛，年轻人去教堂做礼拜，各有所好，大都能相安无事。

佛香袅袅

建筑合璧交相辉映

澳门地标建筑

被誉为“东方梵蒂冈”的澳门是世界著名的东西方建筑艺术的博物馆，保存有中国最古老、规模最大、最完整和最集中的东西方风格共存建筑群。各种不同风格的建筑物在澳门琳琅满目、交相辉映，其中最具特色的是中西方不同风格的宗教建筑。

澳门的建筑体现了建筑风格的“独一无二”。除葡萄牙本土建筑艺术在澳门留下深深烙印外，16—18 世纪，意大利、西班牙也都通过宗教对澳门的建筑产生了影响，而 19 世纪以后，法国的文化也开始渗透到这片土地。在澳门开埠之初，葡萄牙人还带来了巴西等其他殖民地的建筑方法。同时，澳门在同来自印度、菲律宾等地人士的交往中，也或多或少地受到不同地域文化的影响。

澳门历史建筑主要有三种类型：岭南特色的中式传统建筑、南欧风格的欧式建筑和中西合璧的建筑。中式建筑主要有殿堂式衙署庙宇、园林式庭院和岭南风格民居，其中殿堂式最为多见。以郑家大屋、卢家大屋等为主的中式建筑，不仅是晚清时期粤中民居温婉纤细建筑风格的典型，而且处处体现着中西结合之特色。欧式建筑主要受19世纪欧洲流行的新古典主义建筑风格的影响，如著名的大三巴牌坊体现了意大利文艺复兴时期巴洛克风格，玫瑰堂富有西班牙宗教色

圣若瑟修院

卢家大屋

彩。澳督府是古色古香的葡萄牙式建筑，松山“白宫”是气派豪华的法国宫廷堡垒式建筑，岗顶戏院融合了葡萄牙与希腊罗马古典式建筑风格，民政总署大楼、议事亭前地则显出浓浓的南欧建筑艺术特色。

澳门历史建筑有许多“第一”，而且得到了很好的保护。圣老楞佐教堂、圣奥斯丁教堂、玫瑰堂，是中国最早的一批天主教教堂建筑，也是现存最古老的教堂建筑；圣若瑟修院是中国现存最古老且保持完整的修道院；建于 1860 年的岗顶剧院是中国首座西式剧院；大三巴牌坊是中国最古老的教堂遗址；位于白鸽巢公园的基督教坟场是中国现存最古老的基督教坟场；以大炮台为代表，包括东望洋炮台、烧灰炉炮台在内的西式炮台，构成了中国现存最古老的近代西式炮台建筑群；兴建于 1864 年的东望洋灯塔，不仅是中国最早的灯塔，也是远东地区的第一座。

澳门历史城区是中国现存最古老的西式建筑遗产，是西方古老建筑在中国最集中的展示。2005年7月15日，澳门历史城区被联合国教科文组织列入世界遗产名录，成为中国第31处世界遗产。

议事厅前地

节日舞狮耍龙

习俗礼仪融汇中外

因地缘关系，广东人的生活习惯和风俗礼仪对澳门的影响最为深远。澳门人有自己独特的习俗，如澳门人不习惯在家中待客；开张庆典，要舞狮耍龙，摆放供台，占香乞求祖宗保佑；新船下海，要燃放鞭炮，求助平安；生儿育女要设汤饼宴，分送姜醋与邻里或亲友品尝。

澳门人既过中国传统的节日，也过西方的一些节日。中国传统的民间节日，如农历春节、清明、端午、中秋节等，澳门人都会隆重庆祝，其中以农历春节最为热闹隆

圣像出游

重。近年来，为增加新年气氛，澳门政府旅游司、市政厅、文化司，都会举行一连串贺岁活动，有粤曲演唱、戏剧表演、音乐会、展览会、武术表演、舞狮子、玩龙灯等等，以配合民间的风俗，增添新年的气氛。每逢一些与宗教有关的节日，如“圣体耶稣大出游”等，澳门也必举行庆祝活动，如在教堂内举行宗教弥撒及圣像出游等。

澳门大多数婚礼采用广东式的结婚仪式，要经过合八字相命、下聘礼定亲、择日迎亲、叩拜天地等程序。结婚仪式大致有两种，或是按照中国传统形式，新郎要到新娘家“迎亲”；或是按照西方形式，夫妻要进教堂。目前，西式教堂婚礼在澳门华人中相当流行。有些华人则“中西合璧”，先举行一次传统的中国婚礼，再上教堂举行西式婚礼。当然，由于有些人的传统观念根深蒂固，在澳门也还有古老的婚嫁习俗。

社交礼仪方面，澳门人以握手为礼，受欧洲人的影响，亲朋好友相见时，有时则以热情拥抱并拍肩膀为礼。

春节期间，澳门街市年味浓郁。

澳门国际幻彩大巡游

文学艺术生机勃勃

澳门文学艺术的发展比较缓慢，长期被人称为“文化沙漠”。20 世纪 80 年代，随着澳门经济的起飞，澳门文学得到进一步发展，各种刊物、杂志和专著如雨后春笋，出现了兴旺的景象，还出版了很多诗集、散文集。澳门回归为澳门文学艺术的发展掀开了崭新的一页，发生了质与量的转变。在量方面，文字作品增多，演出活动越来越多，民间兴起不少新的艺术团体。尤其是 1999 年建成的文化中心，成为澳门的艺术重镇。在质方面，不少文学作品及艺术的内容积极回应社会变化，思考本土问题，形成本土意识。特别是赌权开放之后的社会巨变，激发了不少创作人以社会时事、本土议题进行创作。近年来，就出现了不少贴近社会脉动、关怀本土议题的作品。可以说，澳门的文学艺术在社会迅速变动中崛起、奋进，一种在艺文作品中的社会触觉与本土意识已然悄悄萌芽。

澳门中乐团演出

1987 年，澳门第一个文学组织——澳门笔会成立。如今，澳门的文学团体主要有澳门中国语文学会、五月诗社、澳门中华诗词学会、澳门楹联学会、澳门写作协会等。较有水平的文学刊物有《澳门笔汇》《澳门现代诗刊》《澳门写作学刊》《濠镜》《语丛》等。一直以来，《澳门日报》是澳门发表文学作品的重要园地。

近年来，澳门文学的另一大突破是中篇小说征集的活动。征集活动以澳门为题，鼓励了创作人从自身的城市与文化环境出发创作。这个“零的突破”不只对澳门的小说创作有推动作用，更间接催生文学本土性的成长。澳门的作者以前很少与其他艺术领域的创作人合作，然而，近些年却有大突破。这种跨领域合作，能让不同的创作人互补不足，并壮大澳门文艺力量。

澳门的美术事业也开始蓬勃发展，大批内地画家涌入澳门，使澳门画坛呈现出一片活跃的景象。各种美术团体纷纷涌现，艺术交流活动十分频繁。澳门每年举办的画展有全澳美术作品展览、全澳书画联展、全澳学生绘画比赛。另外，还有一些不定期举办的穗港澳联合画展，以及澳门、中国内地、香港与葡萄牙、日本、美国等地画家的个人画展。

澳门有不少的音乐团体，经常举行音乐会、音乐节等音乐活动，弥漫着浓厚的音乐气息。澳门的音乐比赛主要有：校际歌咏比赛、澳门广播电视歌唱大赛、澳门业余歌唱大赛等；音乐节有澳门青年音乐节、爵士音乐节、澳门国际音乐节等，其中澳门国际音乐节是澳门最重要的国际性文化活动。每个月，都有中国内地或外国音乐家来澳演出。澳门的音乐团体每年也举行音乐会。

澳门还有摄影、戏剧、舞蹈、曲艺、语言等很多文艺团体，基本上由业余爱好者组成。其中曲艺团体数量最多，经常进行文艺演出。

澳门文艺演出包括音乐、舞蹈、戏剧、曲艺、舞会、武术、时装、舞狮等等。官办的艺术节及音乐节带来了不少国际级的表演。从 1989 年，澳门开始每年举办一届“澳门艺术节”，邀请世界各国的文化团体到澳门演出。此外，每两年还举办一次国际青年舞蹈节。

澳门博物馆

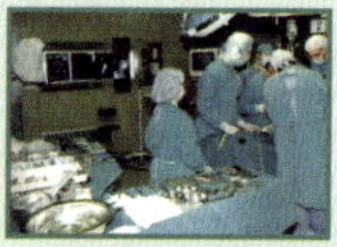

中　国　概　况　·　澳　门

第六章

社会事业日蓬勃

- 医疗卫生发展快
- 社会福利全覆盖
- 公用事业投入大
- 财政税务巧安排
- 交通运输连四方

医疗卫生发展快

澳门特区政府成立后，积极提升和优化医疗保健素质，以保障全民健康为长期的工作目标。这是澳门特区政府对居民的承诺。每年，特区政府投入医疗卫生的资源甚巨。在亚洲各国及地区中，澳门的公共卫生设施已居发达之列。

澳门的医疗卫生服务分为政府和非政府两大类。政府方面，主要有以提供初级保健为主的卫生中心和提供专科服务为主的仁伯爵综合医院（俗称山顶医院）。非政府方面，分为接受政府和团体资助的医疗单位，如镜湖医院、工人医疗所、同善堂医疗所等，以及各类私人诊所和化验所。澳门还有不少的医疗机构是由民间的社团、机构或宗教组织设立的。其中特区政府卫生中心和同善堂医疗所提供的服务基本上是免费的。

为达到世界卫生组织倡议的“人人享有卫生保健”的目标，澳门特区政府卫生局在各区设立卫生中心。自1993年下半年黑沙环卫生中心落成启用后，以卫生中心为单位的初级卫生保健网络系统已基本完成。从此，全澳居民都可以在自己的居所附近享受由卫生中心提供的初级卫生保健服务。

社会福利全覆盖

澳门是世界少见的高福利城市，拥有系统完善的社会福利机构、社会福利政策。澳门特区政府每年都出台多项重大措施改善澳门社会福利，社会保障开支一直是政府支出的最大头。2008 年起，澳门政府根据政府财政年度的收入不同，每年给居民派发不同数量的现金作为福利，让居民实实在在地分享经济发展成果。

澳门，一位市民在大炮台旁打太极拳。

仁慈堂

澳门社保覆盖面很广。澳门社工局共设立5个社会工作中心，向陷于困境的个人或家庭提供一般性质的服务。1990年设立的社会保障基金，使符合规定的人士享有包括养老金、残疾金、失业津贴、疾病津贴、丧葬津贴、结婚津贴、出生津贴、因工作关系所引起的债权、呼吸系统职业病等方面的福利。此外，澳门实行近乎全免的公费医疗，并实行15年免费教育，从幼儿园到高中都是免费义务教育。政府每年还补贴书本费，大学则有名目众多的奖学金。低收入者还可以申请以低价购入澳门政府建的经济房，并且收入越低，享受的政府购房补助就越高。

长者服务方面，澳门1994年开始实行独居老人服务计划，为有需要的长者提供支持服务。特区政府于2005年开始向年满65岁的澳门永久性居民发放“敬老金”。澳门现有19间安老院舍，为不能在原有家庭生活的长者提供服务。另外，全澳有7间长者日间中心、3间非营利长者日间护理中心、24间耆康中心，全部获社工局资助，为长者提供起居照顾、护理及复康训练等服务。2008年7月1日起，特区政府推出“长者车资优惠计划”，通过“按次收费”的资助模式直接津贴长者乘搭巴士。年满65岁及持有澳门居民身份证的长者，均可申请颐老咭。持咭长者享有由社会工作局与公共机构及企业签署合作协议所提供的福利及优惠。

澳门的社会福利多由民间机构兴办，澳门政府的社会福利机构、社会福利政策及资助则起了推动作用。澳门的民间福利机构主要由社团和教会主办。社团主办的福利机构可以分为这样几类：一是历史悠久和新兴的、规模庞大的机构，如仁慈善、同善堂、镜湖医院慈善会、《澳门日报》读者公益基金会等。这些福利团体提供的主要是物质上的直接资助，包括紧急援助、赠医施药、关心贫苦、助学育才、提供廉价房屋及发送棉被、大米等。二是服务性团体，如工联、街坊会等，提供多元化社区及老中青妇幼的服务，举办活动丰富居民文体生活，提供辅导和协助。三是进行间接服务的团体，如特殊奥运会、弱智人士服务协会及弱智人士家长协进会属下中心等。通过提供各项训练及康乐活动，让弱智人士有更多接触社会的机会，增强他们克服困难的能力。慈善团体提供的福利服务并非单一的金钱上的援助。四是专业性团体，如澳门社会工作人员协进会。此类团体的服务对象并非老幼病残等需要照顾和物质援助的人士，而是社会工作人员，以提高他们帮助他人的能力。

由天主教开办的社会福利服务机构，占澳门民间福利团体的半数，且服务范围广泛，包括儿童、青年、老人中心、老人院、孤儿院、善终服务、特殊人士服务、露宿者中心、图书馆等，几乎遍及全澳门。其中尤以明爱中心最具代表性，提供的福利服务包括有家庭服务、安老服务、康复服务、社工服务、教育服务等。

众多民间福利机构的经费除来自政府资助外，主要是热心人士的捐献，以及通过举办活动进行募集，澳门广大居民也对福利机构的工作给予了有力支持。如《澳门日报》读者公益基金会每年举行的公益金百万行，吸引不少人参与活动及捐出善款，为澳门社会福利事业提供资助。

由澳门日报读者公益基金会主办的“第34届公益金百万行”

公用事业投入大

澳门邮政局

政府代表是澳门市政公用事业的一种特有管理模式。澳门政府通过严格控制水、电、交通等公共事业的价格，采取适当补贴，令公共事业不会加价。

澳门的公共事业实行部分重大专营公用事业。特区政府在保证服务安全稳定、价格合理，满足社会可持续发展需要的情况下，有条件地循序渐进开放市场。同时增加披露专营公司的财政状况，以及增加居民参与监督的机制。目前，澳门有不少是由于特许经营制度而产生的事业公司，包括供水、供电、电讯服务、公共汽车服务、泊车服务、海上客运服务、鲜活商品批发、屠宰场、电视广播、声音广播、垃圾收集、污水处理、垃圾焚化等特许经营项目。

澳门自来水公司是澳门唯一提供饮水的公司。1985 年，澳门政府首次授予澳门自来水公司 25 年供水经营权，成为亚洲第一个供水系统服务的特许经营项目。澳门自来水公司以“供优质食水，创优质生活”为使命，它积极应对市民对客户服务越来越高的要求。2008 年，推出了多项优化服务质量的计划，范围遍及管材、水表、收费渠道及资料保密等各大领域。

澳门发电厂

财政税务巧安排

根据澳门基本法，澳门特别行政区保持财政独立，实行独立的税收制度。中央政府不在澳门征税，而澳门财政收入全部由澳门自行支配，不上缴中央政府。长期以来，澳门是亚洲国家和地区中税率最低的地区。

澳门实行以直接税为主体的“避税港”税收制度，主要特点是：税制简单，税率较低；直接税为主，间接税为辅；专营税地位突出，博彩税尤显重要；税法比较完善。澳门现有14个税种，其中直接税8种，即专利税、纯利税、营业税、业钞税、物业转移税、职业税、赠与税、遗产税；间接税6种，即印花税、消费税、旅游税、彩池税、枪械税、旅客离境人头税。专营税是澳门财政收入的主要来源，以博彩税最为突出，税率高达35%，占直接税约7成，占财政收入约3成。

澳门政府执行的是“后收税制度”，即每年按期征收各类税款均是上年度纳税人应缴的税金。税制的基本原则是：分散税源和分开征收、多采用事后计缴，实行公平计征，同一税源不重复征税，凡在澳门收受利益者均需纳税等。

澳门财政税务大楼

澳门一直执行宽松的纳税环境。特区政府对市民实行一系列税收的减免，比如免收所有营业税、街市摊位租金、小贩牌照费、门票印花税、人寿及非人寿保险印花税、银行手续费印花税等，各商户免纳广告牌照税（不包括烟草广告），各酒楼、餐厅免纳旅游税。个税起征点高、免税项目多，多数中低收入者处于零缴税或少缴税的状态。

澳门实行简单税制和地税制

在征收管理制度方面，设有对税务公平、公开的监管机构。对因课税意见不同而引起的争议问题进行公开的讨论和民主的仲裁制度，税法中有特别设立某些委员会的规定。委员会的组成一般有纳税人代表、专业人士代表及官方代表，既可让各界的意见得到反映，又可加强各方面的沟通。另一方面，对执行稽核违例行为的工作做得非常认真和严格，促使纳税人自觉遵守课税规定。

交通运输连四方

澳门拥有完善的海陆空交通网络。陆路交通方面，澳门半岛与氹仔之间有三条大桥连接：1974 年 10 月启用的嘉乐庇总督大桥（俗称澳氹大桥或旧大桥）、1994 年 3 月启用的友谊大桥和 2005 年 1 月 9 日启用的西湾大桥。西湾大桥是澳门唯一双层行车的全天候大桥，上层有六条行车线，而下层则有四条行车线，下层在台风期间开放使用。最长的友谊大桥直接通往位于氹仔的澳门国际机场。在连接中国内地方面，经由澳门半岛北段的关闸接连珠海市拱北，2000 年 3 月启用的莲花大桥连接澳门路氹城和珠海市横琴岛，是澳门与中国内地连接的第二个陆路口岸。2018 年 10 月 24 日开通运营的港珠澳大桥，东起香港国际机场附近的香港口岸人工岛，向西横跨南海伶仃洋水域接珠海和澳门人工岛，止于珠海洪湾立交，是粤港澳大湾区互联互通的“脊梁”。

西湾大桥

澳门居民的主要交通工具为巴士、的士（出租车）、私家车、摩托车。巴士由三家巴士营运公司营运，分别是澳门新福利公共汽车有限公司（简称新福利）、澳门新时代公共汽车股份有限公司（简称新时代）、新时代和澳门公共汽车有限公司（简称澳巴）。三家巴士的车费统一，每程收费由澳门币 2.8 元至 6.4 元不等，亦有数条免费接驳路线。澳门的士分有黑色和黄色，俗称“黑的”和“黄的”。“黑的”载客量为 4 人或 6 人，“黄的”载客量为 4 人。此外，澳门酒店提供免费穿梭巴士服务，供旅客前往酒店与出入境口岸。

澳门外港客运码头

水上运输是澳门的生命线，澳门75%的进出口货物和80%的旅客都靠水运完成。在海路交通方面，澳门设有三个对外客运码头，分别是内港客运码头、新口岸的外港客运码头和氹仔临时客运码头。澳门有三间船公司提供来往港澳两地之航班，分别为喷射飞航、金光喷射飞航及新渡轮(澳门)。喷射飞航的航班主要来往澳门新港澳码头和上环港澳码头、深圳蛇口码头、深圳福永码头(深圳机场码头)或香港国际机场。金光飞航提供澳门北安码头与香港港澳码头航线。新渡轮则提供来往澳门新港澳码头与尖沙咀中港码头之航线。另外，喷射飞航和粤通船务也提供航班往来中国内地，分别前往珠海市湾仔、广州市南沙、深圳市蛇口及福永和江门市。

现在来往港澳间的庞大现代化船队已拥有世界上最快速的喷射船、飞翔船、飞翼船、双体船，共40多艘，是世界上客轮最先进、航速最快、航班最密的一条航线。这些喷射船用波音飞机的发动机来发动，时速逾40海里，贴水面飞航，即使遇上6级风暴，乘客也没有颠簸的感觉。在货运方面，有机动木船、货轮、货柜船等。

澳门共有4个主要港口，内港码头位于澳门半岛的西面，一水之隔面对珠海市湾仔，为主要的内河航运的码头；外港码头位于澳门半岛东面，是往来香港、澳门及中国内地的航运枢纽；北安客运码头位于澳门国际机场飞机维修库旁边，并由金光飞航经营北安至香港上环港澳码头的航线；九澳港(亦称深水港)位于路环岛的东北面的深水港，现为澳门货柜码头的所在地。

澳门国际机场位于氹仔伟龙马路，于1995年11月正式营运，与中国各大城市、东南亚、日本以至澳大利亚都有航班往来。澳门政府致力把机场发展成为区内低成本航空的营运中心。直升机客运服务由空中快线及港联直升机(香港)有限公司联合经营，在新港澳码头设有直升机停机坪。来往港澳的航程大约为15分钟，每隔半小时有一班次，在繁忙时间为每15分钟一班。来往澳门与深圳的直升机服务，日间航程15分钟，晚间25分钟。

中国概况·澳门

第七章

文教体育齐头进

- 教育体系较完善
- 文化盛事呈魅力
- 新闻传媒更活跃
- 体育活动层次升

教育体系较完善

澳门特区政府积极促进教育的发展，通过一系列措施落实“教育兴澳”“人才强澳”的施政方向，并秉持高校多元发展的方针，支持各院校办学自主，协调高等教育机构的发展，全力提升高等教育质素和学术水平。

目前，澳门是中国首个提供15年免费教育的地区。2007—2008学年起，澳门在整个正规教育内的15个年级全面实施免费教育，包括3年幼儿教育、6年小学教育、3年初中教育以及3年高中教育。2007年，特区政府成立教育发展基金，以支持和推动在非高等教育领域内展开各类具有发展性的教育计划和活动。2011年7月，特区政府推出“持续进修发展计划”，为每一位年满15岁的合资格澳门居民提供5000元进修资助。

澳门于2006年颁布实施《非高等教育制度纲要法》，非高等教育分为正规教育和持续教育两个教育类型。正规教育主要包括幼儿教育、小学教育、中学教育和特殊教育；持续教育则包括回归教育、家庭教育、小区教育和职业培训。职业技术教育只在高中阶段开设，可同时在正规教育和回归教育中实施。

大专助学金支持学生继续上学

澳门濠江中学仪仗队在百万行的行进中

教育暨青年局统计数据显示，2018—2019 学年，按发出学校执照计算，澳门共有 77 所学校，其中只提供正规教育的学校有 69 间，只提供回归教育的学校有 3 所，同时提供正规和回归教育的学校有 5 所。

早在 1594 年，澳门就已经诞生了亚洲的第一所西式高等学府——圣保禄学院。圣保禄学院停办以后，澳门一直没有自己的高等教育。1981 年 3 月，几位香港商人在澳门开办东亚大学。所以，私人筹办的东亚大学成为澳门现代高等教育的开端。1988 年2月，为配合澳门政权移交过渡期的人力资源需求，澳门政府通过澳门基金会收购东亚大学，重组为公立大学，并重新调整课程设置、教学安排，使之成为澳门培养本地人才的重要场所。1991 年，东亚大学更名为澳门大学。此后，澳门逐步建立起了以澳门大学为首的高等教育体系。

如今，澳门有 10 所高等院校，其中 4 所公立，6 所私立。公立学校包括：澳门大学、澳门理工学院、旅游学院和澳门保安部队高等学校（只招收澳门永久居民）；私立学校则有澳门城市大学、圣若瑟大学、澳门镜湖护理学院、澳门科技大学、澳门管理学院和中西创新学院。

澳门大学

澳门大学是一所公立综合性大学。2013 年 7 月，澳门大学横琴新校区正式启用。根据全国人大常委会《关于授权澳门特别行政区对设在横琴岛的澳门大学新校区实施管辖的决定》，澳门大学横琴新校区实行澳门的法律和制度，归澳门特别行政区管辖。这是全国首个实践“一国两制”的大学园区。

新校区占地 1.09 平方公里，总建筑面积约 94 万平方米，包括 15 个组团建筑，80 多栋单体建筑，市政道路面积达 16 万平方米，还有配套的水、电、燃气、通信、资讯、海关、警察局和生活服务设施等。澳门与新校园由一条河底隧道连接，从澳门一方可全天候随时进出校园，没有边检阻隔，非常方便。

新校园启用后，澳门大学全面转型为住宿式书院制大学。新校园参考世界一流大学的成功经验，设立约 8—12 个住宿式书院，规模为亚洲之最。书院是对本科生的一种成长辅导和全人教育的方法，与学院制度相辅相成，通过全方位手段培养领袖人才，可创造一个共同学习和生活的社群，让不同国籍、不同年级、不同学科的学生同宿共膳，共同策划和参与各种各样的书院活动，从而培养具有跨文化视野、社会责任、沟通能力和团队精神的优秀学生。整个书院的设置都围绕着师生互动与同辈的交流，以便促成学生心灵、智慧、品德、群性的全面成长与发展，达到全人教育的目的。

目前，新校园设有约 8 个学院，包括工商管理学院、教育学院、法学院、科技学院、社会科学学院、人文学院、健康科学学院，以及设计学院。全面的学科将为澳门中学毕业生提供更多选择，也为澳门经济适度多元化培养多方面的专业人才。

此外，新校园设有开放式科研基地。科研基地主要研究医药、电子及信息科技、能源环保，并将科研成果进行技术转移及创新产业孵化。科研基地同时预留大量空间，供日后不断新增的科研项目及其他研究机构合作进行新领域研究时使用。这些科研基地将促成澳大、澳门其他大学、珠三角以至全国各地大学的合作研究，也为粤澳合作及澳门经济适度多元化创造契机。

2010 年 11 月，澳门大学获国家批准设立两个国家重点实验

室。其中一个是与复旦大学联合建设的仿真与混合信号超大规模集成电路国家重点实验室，在集成电路研究方面已数度刷新微电子奥林匹克（国际固态电路会议，ISSCC）的世界纪录，并且提出了最先进的无线及数据转换解决方法。与当前世界微电子发展水平比较，特别是在中国，澳门大学可以说是处于领先学术和业界的高水平。另一个是与北京大学、澳门科技大学联合建设的中药质量研究国家重点实验室。

澳门大学图书馆楼

澳门科技大学

澳门科技大学成立于2000年，主校区位于澳门氹仔伟龙马路，是澳门回归后成立的第一所私立大学，也是目前澳门规模最大的高等院校。经澳门特区政府批准，拥有博士、硕士、学士三级学位授予权，提供数十个学位课程供各类学员选择修读，授课语言以英语为主，部分课程以中、葡或西班牙语授课。

学校专业教育与通识教育并重，在澳门高校中率先设置了人文社会科学、自然科学与现代技术、文学艺术等通识教育课程板块，构建学生既专且博的知识结构。学校现设有商学院、酒店与旅游管理学院、人文艺术学院、法学院、资讯科技学院、中医药学院、健康科学学院、国际学院、通识教育部，涵盖文、理、法、管、商、医、药、艺术、传播、语言等学科门类课程。还设有持续教育学院，为在职人士提供学习机会。

经过多年建设，学校形成了一批优势研究领域，包括中药质量控制、嫦娥卫星月球数据分析与太空科学、人力资源与博彩旅游管理、澳门社会文化与可持续发展等。学校拥有我国迄今唯一的“太空科学研究所”，参与国家航天科学的月球数据分析等研究，是太空与月球科学研究的国际学术交流平台。与澳门大学、北京大学联合建设的中药质量研究国家重点实验室是全国中医药领域教研机构中唯一的国家重点实验室，从世界各地引进优秀的研究团队，配备了一大批世界最先进的仪器设备，建立了适应中药质量和创新药物研究的最前沿化学与生物技术平台；此外，还与多间国内外知名的教研机构建立了联合实验室。

学校努力营造多元、开放与和谐的校园文化，为学生提供开展丰富多彩课余活动的各种设施，设立学生活动中心及钢琴室、排演厅和多功能厅，常年供学生免费使用等。艺术团为学生提供施展艺术才华的舞台，并已成为大学的文化艺术品牌。

澳门理工学院

澳门理工学院成立于 1991 年 9 月 16 日，总部位于澳门新口岸高美士街，是一所公立、多学科、应用型的高等学府，前身为原私立东亚大学理工学院。2014 年 2 月 13 日，澳门理工学院以“充满信心”的评级通过英国高等教育质量保障局的院校评鉴。这是澳门首间高等学府通过国际认可的院校评鉴。

学院下属 6 所高等学校，包括语言暨翻译高等学校、管理科学高等学校、公共行政高等学校、体育暨运动高等学校、艺术高等学校、高等卫生学校，开设了中葡翻译、中英翻译、电子商贸、会计暨金融、管理学、电脑学、社会工作学、公共行政学、综合设计、

澳门举办“中华优秀传统文化进校园”活动

视觉艺术（教育专业）、音乐（教育专业）、体育及运动、护理、诊疗技术等十多个学士学位课程，并与海内外优秀大学合办了外国语言学及应用语言学、体育人文社会科学、体育教育训练学、运动人体科学、社会工作学、专科护理学、公共行政、公共管理 (MPA)、电讯科学和笔译及会议传译等硕士学位课程，以及葡萄牙语言文化、公共管理和教育学等博士学位课程。这些课程均以实用为导向，以应用学科和行业技术为教学内容，教授知识与培养技能并举，部分课程已经与世界知名大学的课程接轨。

在坚持“注重应用学科、致力专业培训、培养实用人才”的办学特色基础上，除了学位课程外，学院还兼负研究和培训两大任务。研究单位包括社会经济与公共政策研究所、中西文化研究所、“一国两制”研究中心、澳门语言文化研究中心、理工—伦敦大学玛丽皇后学院信息系统研究中心和葡语教学暨研究中心等。培训单位包括成人教育及特别计划中心、博彩教学暨研究中心、语言培训及测试中心、理工—贝尔英语中心［内设澳门唯一的 IELTS（雅思）、BULATS（博思）英语测试中心］、长者书院等。

文化盛事呈魅力

澳门拥有独特的节庆文化，既有农历新年、土地诞、端午节、关帝诞、重阳节、醉龙大会等中国传统节庆，还有复活节、圣母像巡游、圣诞节等西方节日。除节庆外，澳门每年都举办多项大型的国际盛事，包括澳门艺术节、澳门国际音乐节、格兰披治大赛车等等。

澳门每月都有节日文化盛事：1月，春节；3月，土地诞，苦难耶稣圣像出游；4月，娘妈诞；5月，佛诞节，花地玛圣像巡游，国际龙舟赛，艺术节；6月，荷花节，哪吒诞；7月，关帝诞；8月，世界女排大奖赛；9月，国际烟花比赛汇演；10月，国际音乐节，妈祖文化旅游节；11月，美食节、格兰披治大赛车；12月，圣诞节。

澳门一年一度的醉龙节

大三巴牌坊前表演葡国“土风舞”

春节

澳门年俗，别有风情。“谢灶”是澳门保存下来最传统的中国年俗之一。腊月二十三日送灶神，澳门人谓之“谢灶”。澳门人按中国传统给灶神用灶糖，用糖糊灶神之嘴，免得其到玉帝面前说坏话。

距春节半个月的农历腊月十六，澳门人称为“小过年”，开始为过年做准备，要“祭灶”、“扫年”、办年货、做节日食品等。与中国内地许多地方一样，澳门人过年期间有一些禁忌，如大年初一不能扫地，不然会扫走“财气”；如果非扫地不可的话，也要由外向内扫，以象征聚财。

澳门人过年是从腊月二十八开始的。“二十八”在粤语中谐音“易发”，商家老板大都在这岁晚之时请员工吃“团年饭”以示财运亨通、吉祥如意。除夕之夜，守岁和逛花市是澳门人辞旧迎新的两件大事。守岁是打麻将，看电视，叙旧聊天，共享天伦之乐。澳门在年宵兴办花市，多是桃花、水仙、盆竹、盆橘，花开富贵，竹报平安，鲜花瑞木兆示着新年的美好前程。澳门的花市办三天，这三天给奔波一年的澳门人无穷的慰藉。

春节这天，澳门人讲究“利市”(红包)。这天老板见到员工，长辈见到晚辈，甚至已婚人见到未婚人都得发“利市”。澳门人把大年初二叫作“开年”。习俗是要吃“开年”饭，这餐饭必备发菜、生菜、鲤鱼，意在取其生财利路。“开年”过后，澳门又完全回到中国传统春节习俗中，直至元宵佳节，也是烟节爆竹，玩龙舞狮，欢天喜地。

苦难耶稣圣像出游

天主教澳门教区每年都会在敬礼之后的礼拜六与礼拜日举行苦难耶稣圣像的游行。苦难耶稣圣像出游是基督教的重要纪念仪式之一。澳门自16世纪设立澳门教区以来，便一直继承这个传统。这个仪式是模拟当年耶稣背着十字架及用走苦路来默想耶稣受苦、受辱和惨死之事。圣像游行在澳门居民口中被称为圣像出游、出大耶稣、出圣像、耶稣受难等等。

妈祖文化旅游节

澳门妈祖文化旅游节于2001年首次举办，旨在加强澳门与内地、台湾及东南亚地区的文化交流和旅游合作，现已成为澳门旅游文化盛事之一。澳门妈祖文化旅游节的庆祝活动包括妈祖神像大巡游、开幕仪式、祭祀仪式、澳门宝鼎安放仪式、文艺晚会及文娱表演等等。祭奠典礼是澳门妈祖旅游节开幕式。开幕式后，还举行妈祖驻驾、巡游祈福活动。湄洲妈祖金身从妈祖文化村天后宫起驾至佑汉公园，并联同来自内地、台湾及东南亚等地区代表，表演队伍经筷子基、台山、佑汉巡游，让信众参拜。大批信众街坊沿途围观，还带祭品到场参拜，香火鼎盛。

新闻传媒更活跃

澳门是中国最早出现报纸的地方。1822 年 9 月 2 日创刊的葡文《蜜蜂华报》是澳门最早的报纸。目前，澳门注册发行的中文日报主要有:《澳门日报》《华侨报》《大众报》《市民日报》《星报》《正报》《现代澳门日报》《华澳日报》等。创刊于 1933 年的《大众报》是澳门历史最长的中文报纸。1958 年 8 月 15 日创办的《澳门日报》，是澳门目前中文报纸中发行量最大、最具影响力、规模最大的中文报纸。

澳门电子传媒

澳门的葡文报刊有《澳门人报》《今日澳门》《澳门论坛日报》《濠程日报》《澳门晚报》《澳门邮讯报》《澳门消息报》《号角报》《句号报》等，主要供当地的葡萄牙人阅读。但是，葡文报刊的发行量极少。

澳门的民间社团、文化机构、学术团体也出版了各种小报、刊物、论著等，主要刊物有《澳门学生》《澳门教育》《教会月报》《晨曦》《活流》等。澳门的杂志较少，有 40 多种香港报纸和 20 多种香港杂志运销澳门。

澳门有 2 个广播电台。澳门广播电台创办于 1930 年。澳门电视台则起步较晚，直至 1984 年 5 月才开始试播，但澳门居民主要收看香港电视台的节目。澳门没有本地的通讯社，只有外地通讯社在澳门设立分社或派出驻澳记者。

体育活动层次升

澳门回归后，特区政府每年的体育投入达到一亿澳门元。澳门在公共体育设施网络中注册的体育场馆有18个，包含游泳、乒乓球、壁球、网球、足球、羽毛球等各种运动项目。东亚运体育场馆以低廉的收费面向公众开放。一些企业的办公楼里还会有乒乓球台、台球台、羽毛球场等运动设施，鼓励员工在上班之余进行运动。

澳门有各种类型的大众体育比赛和体育活动，足球、篮球、乒乓球、羽毛球比赛当仁不让为“主打”，赛龙舟、马拉松也都是全民项目，市民参与度非常高。除了体育发展局外，各行业工会、妇联等社会团体也会举办各种体育、健身培训班，以低廉的价格面向市民服务。很多体育协会和俱乐部也经常组织当地或区域的体育活动和竞赛。

2017 澳门银河娱乐国际马拉松赛

澳门格兰披治大赛车

很多澳门居民手中都有一张“运动易”卡，这是特区政府为了鼓励市民积极运动专门开发的。到公共体育场馆以及一些大学内的运动场地锻炼，刷卡出入即可获得相应积分，60分钟可积1分。累积达到30分，就可以扣除积分换取运动奖品。特区政府希望通过“运动易”让每位澳门市民投身运动并感受运动带来的乐趣和好处。

澳门回归后，连续举办了东亚运动会、葡语系国家运动会、亚洲室内运动会等大型体育赛事。2005年，澳门成功举办了第四届东亚运动会。该运动会是澳门回归后承办的最大型的综合性体育盛会。澳门自从在1994年首次获准主办世界女排大奖赛以来，每年都举办世界女排大奖赛。每年11月举行的澳门格兰披治大赛车，已是澳门体坛和车坛一年一度的盛事。

中　国　概　况　·　澳　门

第八章

市民生活姿彩浓

- “社团社会”成特色
- 土生社群根在澳
- 公共服务设施多
- 居民收入稳步增
- 住房状况渐改善

“社团社会”成特色

澳门是公认的“社团社会”，社团组织数量众多，正式注册的社团达到四五千个，几乎每150人就拥有一个社团，一人参与几个社团，几人组成一个社团也并不少见，其密集程度可见一斑。澳门社团性质不同，作用范围各有侧重，一般可分为体育类社团、文化类社团、乡族类和联谊类社团、工会类社团、工商类社团、社区类社团、学术类社团、慈善类社团、教育类社团、政治类社团等。

澳门社团具有以下几个重要特征：1. 非营利性。澳门社团不具有商业经营权，只能依靠自身财产和经费开展活动，不以营利为目的。2. 自愿性。社会团体是会员自愿组成的组织，不隶属于行政机关和政府机构，是否参加以及参加何种组织由澳门居民自愿决定。3. 独立性。社会团体保持自身的独立性，从事志愿服务的范围、对象和服务方式无统一模式，完全由各社会团体自行决定。

基本法第一百三十二条规定：澳门特别行政区政府根据需要和可能逐步改善原在澳门实行的对教育科学、技术、文化、体育、康乐、医疗卫生、社会福利、社会工作等方面的民间组织的资助政策。近年来，澳门特区政府不断改进对社团的管理方式，推进小政府、大社会管理模式，以寻求适合澳门区情的治理之道。

在澳门特殊的治理环境中，社团组织成了澳门和谐稳定的基石，其在维护澳门社会和谐、促进政治稳定中起着举足轻重的作用。其一，各类有着不同宗旨和服务对象的社团，为不同阶层人们利益诉求的实现提供了一条能动的渠道，也使澳门社会治理寻找到了一种自我管理的良性模式，澳门社团由此成为民间纠纷的调停者和社会秩序的维护者。其二，澳门作为国际旅游和转口贸易中心，有着不同诉求的各种社团，也成为多元文化交融汇聚与传播的载体，澳门社会和文化由此呈现了高度的包容性、多元性、流动性，为文化在澳门的传播提供了顺畅的通道和适宜的环境。

澳门基金会会址

土生社群根在澳

土生葡人作为混血儿，他们的双亲其中一人必须为葡萄牙人，另一方则是亚裔人士，可能是印度人、日本人或者菲律宾人，这和葡萄牙向外扩张的历史不无关系。16 世纪中叶，葡人入居澳门，他们与来自非洲、马来西亚、印度的妇女，以及稍后来澳门定居的中国妇女通婚，由此有了第一代土生葡人的出现。16 世纪末到 I7 世纪中叶，葡萄牙与日本贸易来往趋于频繁，葡人开始与日本人通婚，这是土生葡人的又一重要来源。17 世纪中叶清军入关前后，大批汉人来到澳门，为中葡通婚提供了新的条件。

土生葡人世代居住在澳门，一方面保留着自己本身的文化传统，另一方面又接受本地的中华文化熏陶，久而久之，在认知上，他们自觉地把自己归类为葡萄牙人，但在情感上，他们在本地已落地生根，附着土地，视澳门为他们的家，成为一个融合了中葡文化的特殊社会群体，并为澳门社会的发展作出了贡献。

亚婆井是土生葡人的最早聚居地

在历史上，土生葡人的葡国身份及政治地位曾经受到歧视。1689 年曾规定，澳门官员必须具有葡萄牙国籍和血统。1840 年以后，澳葡官员都是从里斯本派来，剥夺了土生葡人政治上向上发展的机会。1822 年，澳门爆发土生葡人发起的民主运动，要求在当地文职机构和军队中任用土生葡人。此后，土生葡人凭借其文化身份、语言等方面的优势，进入澳门政府中担任中上层的职务，垄断了政府编制内的委任职位，逐渐成为葡萄牙官员赖以管治澳门的社会基础，成为沟通葡官与华人居民的中介桥梁，在葡萄牙对澳门的管治中发挥着举足轻重的重要作用。一直到 1984 年，澳葡政府为适应澳门地位的变化，修改了公务员章程，允许华人大量进入公务员队伍，这一局面得以改观。但中高层官员仍由葡人及土生葡人所垄断，直至过渡时期中后期方逐步得到改变。

葡人之家是土生葡人的大本营

土生葡人在生活习惯和文化认同上也经历了一个逐步汉化的过程。早期土生葡人与本土华人的分野较清晰，因此，彼此之间的生活文化也有较大的区别。但到近一个世纪以来，这个界限已经打破，土生葡人的生活方式与华人相距不大，其已被融入中国文化里面，成为澳门文化的一部分。

公共服务设施多

龙环葡韵住宅式博物馆

澳门综艺馆

澳门注重公共服务设施的建设，尤以公共图书馆、博物馆、体育综合场馆及公园的建设为重。

在文化设施上，澳门以弹丸之地而领风气之先，成为沟通东西方文化的重要桥梁。1594 年，圣保禄学院在澳门创办，这是远东第一所西方大学。该院图书馆拥有 4000 多册藏书，曾有学者考证认为它很可能是当时远东西方书籍最多的图书馆。此后，澳门地区又设立了圣若瑟图书馆、澳门陆军俱乐部图书馆、国立图书馆等。2015 年澳门的公共图书馆及阅书报室有 85 间，为邻近地区密度最高的。除了公共图书馆，还有学校图书馆 103 间、专门图书馆 80 间及高校及专科图书馆 34 间，总计为 304 间。这些文化设施，在澳门地区的文化普及与发展中发挥着重要的作用。

澳门博物馆的最大特征是种类、主题和规模的多元化。澳门现有博物馆如下：澳门博物馆、海事博物馆、葡萄酒博物馆、大赛车博物馆、澳门艺术博物馆、圣物宝库、天主教艺术博物馆与墓室、国父纪念馆、林则徐纪念馆、消防博物馆、澳门仁慈堂博物馆、土地暨自然博物馆、龙环葡韵住宅式博物馆、翡翠玉器艺术博物馆和典当业馆。它们分门别类地述说着澳门的历史文化，也反映着今日澳门的各种社会活动，具有主题鲜明的特色。

澳门博物馆规模大小不一。传统的博物馆，尤其是艺术类的博物馆，往往面积大，给人以艺术圣堂的震撼感。而澳门大量存在的是小型的博物馆，面积仅几百、几十平方米，这些小巧的博物馆以特色、精巧取胜。

松山市政公园

澳门博物馆

澳门体育文化及休闲活动的场地均由体育发展局和民政总署管理。近年来，体育发展局不断完善体育设施体系，使之朝向多元化方向发展，以满足不同体育项目的需要。设施的分布以全方位照顾、方便市民为原则，每个城区都设置至少一个体育综合场馆。

澳门的公园面积都不大，但数量众多，景观各具特色，不仅是澳门居民运动、休憩的场所，也是游客游玩的好去处。除此之外，澳门在南部的氹仔岛和路环岛依托地势修建了13条林径，总长约33公里，也是市民和游客享受自然之乐的良好场所。

交通灯前井然有序的澳门街头

居民收入稳步增

澳门回归后的第二年，也就是2000年，当年的GDP是539亿澳门元，人均是1.6万美元。到了2018年，澳门的GDP已经上升到4403亿澳门元，人均达到了8.3万美元，位列世界第二位。

在人均GDP和人均本地居民总收入跃升的同时，澳门的失业率也逐年下降，澳门特区政府统计暨普查局资料显示，2018年澳门就业情况理想，总体失业率为1.8%，比2017年下降0.2个百分点。

澳门近年来推行现金分享计划，从2008年开始实施，每年给澳门居民派发现金。根据《2020年财政年度预算》有关现金分享计划的安排，澳门特区政府将向每名永久性居民发放1万元现金，向每名非永久性居民发放6000元现金。共涉及永久性居民约68万人，非永久性居民约4.8万人，预算总开支约为71亿元。

住房状况渐改善

澳门地狭人多，土地资源紧缺，房价持续上涨，使得澳门居民，尤其是中低收入阶层住房难的问题日益突出。

早在上世纪 80 年代，澳门政府就曾推出《经济房屋法律》，使中低产阶级的人士有机会购买价格低于自由市场的房屋。其后，澳门政府于 1984 年进一步推出《房屋发展合同》法例，制定房屋建设计划，刺激增加房屋供应量，以缓解本地区房屋缺乏的状况，满足收入较低阶层对房屋之需求。近年来，在经济和人口快速增长的过

澳门地狭人多，住房需求量大

特区政府推行公共房屋政策，改善居民住房问题。

程中，澳门私人房屋市场价格连年攀升，2000年至2009年间，平均售价由每平方米6259澳门元升至19008澳门元，年均增幅达到17.2%；2011年至2013年间，楼价暴涨，至2013年第一季度，全澳整体住宅平均成交价已达77975澳门元/平方米，比2011年第一季度的38261澳门元上升了103.8%。为此，澳门特区政府采取了一系列调控楼价的措施，比如停止投资移民、取消四厘补贴、增加特别印花税及非澳门居民及法人的印花税等，但是楼价上涨的势头依然难以遏制。

为了缓解住房紧张的问题，特区政府将公共房屋政策作为突破口，着手公共房屋政策体系建设。2011年，由立法会通过了《经济房屋法》，同时，为了加强科学决策，高效回应居民诉求，特区政府设立了公共房屋咨询委员会，筹设了专责小组编制了《公共房屋发展策略(2010—2020)》，以制订符合澳门社会实际情况的公屋房屋政策。主要思路是给低收入人群全资兴建公屋，以低价卖给他们，而且允许他们在几年之后卖出。截至2018年，共建5.1万套公共房屋，努力改善澳门居民住房问题。同时，政府还给正在轮候公屋的家庭发放住房补贴，以2013年的标准，每个家庭平均每个月补贴1300澳门元。

石排湾公屋项目为特区政府全资兴建，是澳门规模最大型的公共房屋项目，配备完善社区功能，区内配套有公共停车场、巴士转乘站、街市、托儿所、幼小学校、卫生中心、长者综合服务中心、社区活动中心、图书馆、家庭及社区综合服务中心等。其中，石排湾公屋群的居雅大厦是石排湾公共房屋项目首个推出的经济房屋项目，并且是澳门率先使用天然气的住宅小区。

中　国　概　况　·　澳　门

第九章

发展广阔前景好

- 发展定位再调整
- 区域经济一体化
- 横琴开发“快车道”
- 一桥飞架港珠澳
- 湾区发展新机遇

发展定位再调整

进入 21 世纪以来，澳门的发展定位渐趋明晰。近年来，为逐步改善人们对澳门旅游以博彩业为主的印象，澳门特区政府对旅游业进行重新定位，并实施了一系列相关政策，以大力推进当地会展旅游业发展，力争将澳门打造成为亚洲重要的会展中心之一。

早在 2008 年 12 月，在国务院批准通过的《珠江三角洲地区改革发展规划纲要（2008—2020 年）》提出"巩固澳门作为世界旅游休闲中心的地位"。在 2011 年 3 月 6 日签署的《粤澳合作框架协议》明确指出："以澳门世界旅游休闲中心为龙头、珠海国际商务休闲度假区为节点、广东旅游资源为依托，发挥两地丰富历史文化旅游资源优势，丰富澳门旅游业内涵，发展主题多样、特色多元的综合性旅游服务。"同年 3 月 16 日发布的国家"十二五"规划纲要也明确提出，支持澳门建设世界旅游休闲中心。

自明确"世界旅游休闲中心"发展定位以来，澳门特区政府着力推动优质旅游城市建设，致力于提高旅游产品与服务质量。其中，旅游产品质量的提升主要是在博彩旅游的基础上，不断丰富非博彩元素的开发，特别是文化旅游以及会展旅游产品。

澳门风光

2012 年，澳门建设“世界旅游休闲中心”的定位出现微调，“会展 + 旅游”成为澳门发展定位的新表述。

2015 年 10 月，澳门成立“建设世界旅游休闲中心委员会”。委员会由澳门特区行政长官担任主席，职责包括对建设世界旅游休闲中心作出研究和顶层设计等。

2017 年 9 月，澳门旅游局颁布《澳门旅游发展总体规划》（以下简称《规划》），其中提出了 8 个关键目标，首位就是“增强多元化的旅游产品和体验”。《规划》还提出，澳门将配合非博彩元素的增长，丰富娱乐设施和休闲活动，推动发展成多日旅游目的地，并通过提升旅客的总体体验，吸引高端客群。不仅如此，澳门也将提高服务品质、打造智慧城市、可持续发展作为《规划》的目标。

澳门会展旅游业发展较内地和香港都晚，但如今已初具规模，不断朝着建设世界会展旅游中心迈进。特区政府强化政策扶持，加快培育会展业产业链，支持业界竞投更多世界各地具影响力的会展活动落户澳门，不断提升会展活动的专业水平和成效，吸引更多优质的高端商务旅客。为了给澳门会展业创造更有利的发展环境，澳门贸易投资促进局由 2018 年 4 月 30 日起，将《会展活动激励计划》及《国际性会议及专业展览支持计划》整合为《会议及展览资助计划》，借此携手业界提升会展业的竞争力，吸引更多外地展会落户澳门，促进会展业健康发展。

澳门大三巴牌坊

区域经济一体化

自2004年《泛珠三角区域合作框架协议》签署以来，泛珠三角区域合作已进入深化落实阶段。澳门特区政府以粤澳合作为基础，努力拓展与泛珠三角“9+2”各方在各领域的交流与合作，加强高层互访。

2011年3月，粤澳双方签署《粤澳合作框架协议》，揭开了粤澳紧密合作、融合发展的新篇章。《粤澳合作框架协议》明确了粤澳间四个方面的合作定位：一是以澳门作为世界旅游休闲中心，发挥珠海作为国际商务休闲旅游度假区和广东旅游资源的作用，实现两地间历史文化旅游资源的优势互补，建设世界著名旅游休闲目的地；二是以澳门为国际商贸服务平台，对接广东产业转型升级和走出去战略，提升大珠三角洲区域与欧盟、东盟及葡语国家的合作，打造粤澳产业升级发展新平台；三是加快推进横琴开发，探索合作新模式，推动珠澳协同发展，对接跨境基础设施，加强社会公共服务体系衔接和服务资源共享，建设宜居、便利和管理服务水平良好的优质生活圈；四是通过深化粤澳更紧密合作，开发横琴，培育中医药、会展、文化创意等新兴产业，发展教育培训等潜力产业，推动产业协同发展、区域人才流动、公共服务衔接，拓展澳门经济适度多元发展新空间。双方逐年制定实施框架协议年度重点工作，截至2019年底，已签署9份年度重点工作，累计推出586项促经济、惠民生的合作举措。

根据《粤澳合作框架协议》，到2015年，跨境基础设施网络初步建成，横琴开发取得重大进展，珠澳协同发展全面展开，共建优质生活圈，区域融合发展成效显著，珠江口西岸国际都会区基本建成，澳门经济适度多元发展初显成效。到2020年，区域一体化发展格局基本确立，世界著名旅游休闲目的地基本形成，区域产业升级发展成效显著，粤澳社会公共服务体系衔接共享，大珠江三角洲世界级城市群基本形成，奠定澳门经济适度多元发展基本格局。

港珠澳大桥和珠海、澳门城市风光

2016 年 6 月，粤澳签署实施《粤澳携手参与国家“一带一路”建设合作意向书》。双方将围绕促进要素便捷流动、培育粤澳合作新优势、加快重点合作区域建设、促进粤澳旅游产业合作发展等方面展开合作，携手参与“一带一路”建设。

澳门特区政府不断加强与珠海市及邻近的珠江三角洲地区在城市规划、基础设施、口岸通关、公共服务、产业布局、生态环境等方面的统筹规划，以推进建设环境优美、公共服务衔接、产业配套发展、工作生活便利的珠澳国际都会区，发挥澳门世界旅游休闲中心和区域商贸服务平台的作用。

横琴开发“快车道”

横琴位于珠海市南部，珠江口西侧，与澳门氹仔岛及路环岛毗连。横琴新区于2009年12月16日挂牌成立，依托面积达106.46平方公里的横琴岛，是澳门现有面积的3倍多，处于“一国两制”的交汇点和“内外辐射”的接合部。横琴新区未建设的土地面积占总面积的90%以上，是珠三角核心地区最后一块尚未开发的“处女地”。

2009年8月14日，国务院正式批复《横琴总体发展规划》，明确要把横琴建设成为“一国两制”下探索粤港澳合作新模式的示范区、深化改革开放和科技创新的先行区、促进珠江口西岸地区产业升级的新平台。横琴的发展地位与它的历史使命联合在一起，这也决定了横琴开发在粤港澳区域经济一体化过程中地位的重要性。

2009年11月，国务院批复澳门特区政府，同意澳门特区政府填海造地361.65公顷，用以建设新城区。根据特区的发展蓝图，获批复的土地超过一半用作公共交通设施、公共空间、绿化及其他公共设施，并预留适量的土地作为日后发展符合澳门适度多元化政策的产业及兴建公共房屋之用。澳门新城区的建设，对特区解决土地资源不足、加快宜居城市建设、提升市民综合生活素质、促进可持续发展，产生巨大的推动力，堪称关系澳门发展的百年大计。

根据《粤澳合作框架协议》的共识，横琴还计划拨出约5平方公里的土地，供粤澳产业合作之用，其中包括面积约0.5平方公里的中医药科技产业园，作为粤澳产业合作的切入点，而旅游、会展、文化创意及教育培训等产业合作项目将于未来陆续开展，为澳门的产业多元化产生巨大影响。

作为粤澳合作重要一环的澳珠合作，澳门特区政府一向予以高度重视。2010年3月，澳门特区行政长官崔世安在发表施政报告时强调，在粤澳合作框架下，澳门特区将加快珠澳同城化的发展步伐，积极参与横琴新区建设，全面提升澳珠合作层次，深化落实珠澳同城化的基建对接、通关便利、产业合作及服务一体化，促进两地互补共赢；结合澳门世界文化遗产的品牌效应和珠海的人文环境，大力加强两地的文化合作；在珠澳合作专责小组的基础上，优化合作机制，设立专项小组务实地跟进相关工作；致力于澳门公交系统与大珠三角城镇群公交系统的无缝对接，建设综合的交通枢纽，实现互联互通，推动澳珠市内公交直接互达，配合大珠三角发展，推动 1 小时交通圈的实现。

澳门第五任行政长官贺一诚在 2020 年 4 月 20 日发表《2020 年财政年度施政报告》时强调，横琴是澳门参与粤港澳大湾区建设、融入国家发展的第一站，是澳门经济多元发展的最便利、最适宜的新空间。澳门将加强与广东、珠海合作，做好横琴开发文章。首要是做好顶层设计，秉持进一步解放思想、勇于变革创新的精神，用新思维、新方式在横琴建设粤澳深度合作区，将澳门“一国两制”和国际贸易自由港等优势与横琴的资源和空间等优势结合起来，形成更高层次、更高水平的开放型经济体制，建立粤澳双方共商共建共享的体制机制，打造具有中国特色、结合“两制”优势的高水平开放区，成为“一国两制”下区域合作的先行示范区，以及“一国两制”实践的新平台。

正在建设中的横琴金融岛

一桥飞架港珠澳

港珠澳大桥是“一国两制”框架下粤港澳三地首次合作共建的超大型跨海通道，全长55公里，设计使用寿命120年，总投资约1200亿元人民币。大桥于2003年8月启动前期工作，2009年12月开工建设，筹备和建设前后历时达15年，于2018年10月开通营运。

大桥主体工程由粤、港、澳三方政府共同组建的港珠澳大桥管理局负责建设、运营、管理和维护，三地口岸及连接线由各自政府分别建设和运营。主体工程实行桥、岛、隧组合，总长约29.6公里，穿越伶仃航道和铜鼓西航道段约6.7公里为隧道，东、西两端各设置一个海中人工岛（蓝海豚岛和白海豚岛），犹如“伶仃双贝”熠熠生辉；其余路

一桥飞架港珠澳

段约22.9公里为桥梁，分别设有寓意三地同心的“中国结”青州桥、人与自然和谐相处的“海豚塔”江海桥，以及扬帆起航的“风帆塔”九洲桥三座通航斜拉桥。

珠澳口岸人工岛总面积208.87公顷，分为三个区域，分别为珠海公路口岸管理区107.33公顷、澳门口岸管理区71.61公顷、大桥管理区29.93公顷，口岸由各自独立管辖。13.4公里的珠海连接线衔接珠海公路口岸与西部沿海高速公路月环至南屏支线延长线，将大桥纳入国家高速公路网络；澳门连接线从澳门口岸以桥梁方式接入澳门填海新区。

港珠澳大桥开通后，人流、物流可以更快捷及便利通关，将对澳门会展、贸易以至经济发展起到积极作用，可以让澳门更好地融入大湾区。

湾区发展新机遇

2019年2月18日，中共中央、国务院印发《粤港澳大湾区发展规划纲要》(以下简称《规划纲要》)。《规划纲要》把澳门列为大湾区发展建设的四个“中心城市”之一，使其具有“核心引擎”的地位，为澳门发展带来千载难逢的机遇。《规划纲要》还明确，澳门建设世界旅游休闲中心、中国与葡语国家商贸合作服务平台，并打造以中华文化为主流、多元文化共存的交流合作基地。

《规划纲要》为澳门的发展指明了方向。澳门特区政府在首份五年发展规划的基础上，编制了《澳门特别行政区五年发展规划》附件“澳门特别行政区参与粤港澳大湾区建设”。该附件于2019年6月正式公布，标志着澳门正式将参与大湾区建设纳入本地五年发展规划。

澳门日出

根据粤港澳的有关部署，澳门将进一步发挥作为世界旅游休闲中心和中国与葡语国家商贸合作服务平台的优势，推动新兴产业做精做强，加快经济适度多元发展的布局，将不断充实世界旅游休闲中心的功能，重点打造服务湾区、辐射泛珠的旅游教育培训基地，深化中国与葡语国家商贸合作中心的服务平台的功能，打造中葡经贸合作会展中心，中葡中小企业商贸服务中心、葡语国家商品集散中心、中国与葡语国家金融服务平台、人才培训基地，分工和角色各不同，澳门要利用自身优势，采取合作的策略，善用政策红利和创新动力，大湾区各个城市作为经济发展福地，为澳门开辟更广阔的发展空间。

澳门特区第五任行政长官贺一诚认为，粤港澳大湾区是澳门融入国家发展大局最便捷的通道、最广阔的平台。澳门将充分发挥“一国两制”、国际贸易自由港、单独关税区等独特优

澳门暮色

势，立足“一中心、一平台、一基地”的定位，积极参与大湾区建设，融入国家发展大局。贺一诚表示，建设世界旅游休闲中心方面，澳门正积极推动旅游经济交流与合作，与大湾区城市共同探索“一程多站”式旅游，解决本地旅游承载力有限的问题；搭建中国与葡语国家商贸合作服务平台方面，澳门与一些葡语系国家的文化背景、法律制度相似，经贸联系较为密切。未来，澳门会发挥好这些优势，增进中国与葡语国家的交流合作；至于建设以中华文化为主流、多元文化共存的交流合作基地，澳门有着深厚的中西文化交流传统，不同文化相处融洽。澳门将进一步做好文化遗产保护，推动中西文化交流。

作为粤港澳大湾区中心城市之一，澳门特区在积极部署，加快对接和布局，充分发挥“一国两制”的制度优势，发扬澳门同胞爱国爱澳的情怀，务实推进大湾区建设。

中国概况·澳门

附录

- 主要网站
- 常用电话
- 特区政府驻外办事处
- 主要旅行社

主要网站

澳门特别行政区政府	https://www.gov.mo/
澳门特别行政区政府市政署	https://www.iam.gov.mo
澳门特别行政区政府旅游局	https://www.macaotourism.gov.mo
澳门贸易投资促进局	http://www.ipim.gov.mo
澳门财政局	http://www.dsf.gov.mo
澳门经济局	http://www.economia.gov.mo
澳门特别行政区政府海事及水务局	https://www.marine.gov.mo
澳门教育暨青年局	http://www.dsej.gov.mo
澳门特别行政区文化局	https://www.icm.gov.mo
澳门城市指南	http://www.cityguide.gov.mo
澳门消费者委员会	http://www.consumer.gov.mo
澳门大学	http://www.umac.mo/
澳门日报	http://www.macaodaily.com/
澳门航空	http://www.airmacau.com.mo
澳门国际机场	http://www.macau-airport.com/

PANDORA
innisfree
CITY CHAIN

常用电话

政府部门

旅游司	电话 :(853)2831 5566 传真 :(853)2851 0104 旅游热线 :(853)2833 3000
澳门消费者委员会咨询	(853) 8988 9315 （非办公时间提供电话留言服务）
澳门国际机场问讯处	(853) 2886 1436
澳门海关查询热线	(853) 89894317
澳门赛马总办事处	(853) 2882 1188 / 2882 0503
外港码头问讯处	(853) 2872 6416 / 2872 6417
文化局	(853) 28366866
治安警察局	(853) 2857 3333
邮电局	(853) 2857 4491
卫生局	(853) 2831 3731

紧急及公用服务

紧急求助热线	999 / 110 / 112
消防局	(853) 2857 2222
海外地区之国际电话服务	191
查询国际电话服务	101
流动电话服务—澳门电讯	1000
流动电话服务—数码通	1628
流动电话服务—和记电讯	1118
国际电话服务—中华人民共和国	155
澳门查询电话号码	181(粤语，英语） 185（葡语）
澳门旅游商会	(853) 2838 8166
澳门旅游零售服务业总商会	(853) 2878 6223
澳门酒店协会	(853) 2870 3416

澳门酒店旅业商会	(853) 2837 6365
澳门旅行社协会	(853) 2870 1913 / 2870 3429
澳门旅游业议会	(853) 2878 7333
机场管理有限公司	(853) 2871 1808
民航局	(853) 2851 1213
澳门国际机场专营股份有限公司	(853) 2886 1111

交通运输

公共汽车	(853) 2827 1122 / 2885 0060
出租车电召的士总台电话	(853) 2851 9519 / 2893 9939
华国租车	(853) 2833 6789 / 2870 1786
中国航空	(853) 2871 1888
亚洲航空	(853) 2886 1388
澳门航空	(853) 8396 6888
长荣航空	(853) 2872 6855
上海航空	(853) 2878 7877
南方航空	86-4008695539-1-4-2

医院及卫生中心

山顶医院	(853) 2831 3731
塔石卫生中心	(853) 2852 2232
氹仔卫生中心	(853) 2882 7096
镜湖医院	(853) 2837 1333
路环卫生站	(853) 2888 2176

特区政府驻外办事处

中国内地—澳门特别行政区驻北京办事处 – 旅游组

地址：中国北京市王府井东街 8 号澳门中心 16 层

电话：+86 10 58138000

传真：+86 10 58138999

电邮：beijing@macautourism.gov.mo

中国台湾—澳门经济文化办事处

地址：台北市信义路 5 段 7 号台北 101 大楼 56 楼 A 座

电话：+886 2 81011056

传真：+886 2 81011057

电邮：info@decm.gov.mo

葡萄牙—澳门驻葡萄牙旅游推广暨咨询中心

地址：Av. 5 de Outubro, No. 115, R/C, 1069-204 Lisboa, Portugal

电话：+351 21 7936542

传真：+351 21 7960956

电邮：geral@turismodemacau.com.pt

主要旅行社

美丽华均辉（澳门）有限公司
地址：澳门荷兰园正街 117 号
电话：(853) 2871 6699/ (853) 2830 8748
网页：http://www.hkmiramartravel.com/Macau/

澳门永安旅行社
澳门南湾大马路 730-804 号中华广场地下 L 及 M 号铺
电话:(853) 2837 0522
网址：http://www wingontravel.com/

澳门康泰旅行社
地址：澳门约翰四世大马路 2-B 号中华广场地下 R 座
澳门南湾大马路 762-804 号中华广场 14 楼 D 座
电话：(853) 2856 3333
网址：www.hongthai.com

澳门国泰旅行社
地址：澳门宋玉生广场 258 号建兴龙广场 5 楼 P 座
电话：(853) 2843 5200/ (853)2843 0800
网页：http://www.kokthai.com

澳门东瀛游旅行社
地址：澳门南湾大马路 730-804 号中华广场地下 B 铺
电话：(853) 2871 7200 / (853) 8981 3700
网页：http://www.egltours.com

澳门中国旅行社
地址：澳门罗理基博士大马路南光大厦 12 字楼
电话：(853) 2870 0888
网址：www.cts.com.mo

澳门新新丽华旅行社
地址：澳门约翰四世大马路 4-4A 号中华广场地下
电话：(853) 2871 5432
网页：http://www.newsintra.com.mo

中国澳门青年旅舍
地址：路环海滨路黑沙龙爪角 / 路环法令司士古街（竹湾海滩斜坡顶）
电话：(853) 2888 2701 / (853) 2888 2024
网页：http://www.yhachina.com/

澳门锦伦旅行社
地址：澳门水坑尾街 179 号地下
澳门友谊大马路外港客运码头地下 1015 室
电话：(853) 2833 6611 / (853) 2872 5813
网页：http://www.grayline.com.mo/cht/

澳门活力旅行社
地址：澳门南湾大马路 774 号中华广场地下
电话：(853) 6309 6309

澳门里程旅行社
地址：澳门北京街 230-244 号澳门金融中心 9 楼 M 座
电话：(853) 2870 0656

澳门安泰旅行社
地址：澳门宋玉生广场 187 号光辉集团商业大厦 14 楼
电话：(853) 2875 7535 / (853) 2875 7595 / (853) 2842 0035

后记

为了使海内外读者更加了解中国的社会与文化，特别是国家改革开放以来的发展变化，外文出版社编辑出版了《中国概况》系列丛书。受外文出版社的邀请，广东南方软实力研究院组织专家担负起《澳门卷》的编撰任务。本书由邓开颂教授、刘蜀永教授、吴志良博士策划和组织，撰稿者有邓开颂、叶小珍、郑国强、谢振泽、张承良、陈佩楠。邓开颂、叶小珍统稿。国务院港澳办原司长谢后和、中山大学郑天祥教授、中山大学冯令仪教授、澳门学者杨开荆对书稿提出了宝贵的意见，澳门摄影者陈显耀提供了部分宝贵照片。在此表示衷心的感谢！

澳门基金会赞助本书的研究和编辑经费，致以特别的感谢。

图书在版编目（CIP）数据

中国概况．澳门 / 邓开颂编著．-- 北京：外文出版社，2020.12
ISBN 978-7-119-12587-9
I．①中… II．①邓… III．①澳门－概况 IV．①K92
中国版本图书馆CIP数据核字(2020)第256909号

出版统筹：胡开敏　于　瑛

策　　划：邓开颂　刘蜀永　吴志良
撰　　稿：邓开颂　叶小珍　郑国强　谢振泽　张承良　陈佩楠
图片提供：陈显耀　华盖创意
责任编辑：杨　璐
印刷监制：章云天

中国概况

澳　门

出版发行：外文出版社有限责任公司
地　　址：北京市西城区百万庄大街24号　　邮政编码：100037
网　　址：http://www.flp.com.cn　　电子邮箱：flp@cipg.org.cn
电　　话：008610-68320579（总编室）　　008610-68327750（版权部）
　　　　　008610-68995852（发行部）　　008610-68996158（编辑部）

印　　刷：鸿博昊天科技有限公司
经　　销：新华书店/外文书店
开　　本：787mm × 1092mm　1/32
字　　数：65千字
印　　张：5.25
版　　次：2021年1月第1版第1次印刷
书　　号：ISBN 978-7-119-12587-9
定　　价：80.00元